KB067945

여전히 난,
행복하려고

여전히 난,
행복하려고

세계여행 감성에세이

조유일 지음

harmonybook

여행의 낱말

낱말이란 '뜻을 가지고 홀로 쓰일 수 있는 가장 작은 말의 덩어리'를 일컫는다.

나는 낱말이라는 단어를 좋아했다. '낱'은 쪼개고 쪼갠 가장 원형적인 말, 마치 얼굴을 뜻하는 '낯'과도 닮은 듯했다. 낯뜨겁다, 낯간지럽다 등 마치 가장 맨살과 가깝게 맞닿은 것을 들킨 듯한 부끄러운 감정을 연상케 하는 말이었다. 낱과 낯은 왠지 모양 외에도 의미까지 닮은 듯했다.

보통 여행을 오래 다닌다 하면 '좋은 경험' 혹은 '자기를 찾는 과정'이라는 좋은 수식어가 붙었다. 내 여행에서도 반박할 순 없을 것 같다. 분명 여행의 순기능에 대해 많이 이야기하고 싶다. 다만 내가 여행을 통해 얻게 된 것은 나의 새로운 면을 발견했다거나 미래를 찾았다거나 하는 거창하고 신비로운 말이 아니었다. 긴 시간 동안 홀로 여행을 다니며 가장 많이 생각하고 느낄 수 있었던 바로 나의 내면, 즉 '낱'이었다.

　여행의 낱과 말을 통해 느끼게 된 나의 민낯을 보여주고 싶었다. 흐릿한 환상과 밋밋한 현실에서 벗어나지 않을 그저 평범한 여행의 낱. 이 책의 낱말들로 뜻을 가진 가장 작은 여행의 덩어리를 보여주고 싶었다. 그리고 여행을 통해 나 역시 홀로 쓰일 수 있는 가장 작은 단위가 될 수 있길 바랐다.

1장 여전히 나, 간직하려고

설렘에 부푼 서툰 여행

2장 여전히 널, 기억하려고

사람이 보고 싶은 그리운 여행

3장 여전히 난, 행복하려고

마음이 여물어가는 아련한 여행

1장

여전히 나, 간직하려고

설렘에 부푼 서툰 여행

삭막한 듯한 사막이지만

알고 보면 멀리 펼쳐질 가슴 뛰는

서막이라서.

_____ 가장 안전한 모험

– 여행하면서 위험했던 적은 없었어?

여행이 끝나고 오랜만에 만난 지인들은 비슷한 질문을 한다. 특히 세계를 여행하며 죽을 뻔했거나 위험했던 이야기를 듣고 싶어 했다. 그런 궁금증이 이해되면서도 무사히 한국에 돌아온 내겐 친구들의 기대를 만족시켜줄 만한 박진감 넘치는 이야기는 없었다. 세상은 생각보다 안전했고 위험을 감수할만한 선택지에서 내 대답은 언제나 '아니요'였기 때문이다. 위험에 노출돼있는 만큼 가장 안전에 신경 쓰고 예민한 시기가 여행이지 않았을까. 그래서 여행은 안전할 수밖에 없는 시간일지도 모른다. 그래도 친구들의 허기를 채워주기 위해 인심 한 번 써볼까.

– 말레이시아에서 코브라를 만난 적이 있었어. 머리에 날개 달린 코브라는 처음 봤던 거라 겁이 났지. 아니면 스리랑카에서 칼을 든 강도를 만났을 때도 있었고 아이슬란드에서 차를 타고 가다가 눈보라

에 갇혔을 때도 기억난다. 히말라야 산맥에서 고산병에 걸렸을 때는 아찔했다 정말.

- 우와!

거짓말도 과장도 아니었지만 그렇게 이야기를 하고 있는 내가 웃겼다. 그리고 내 말에 대단한 듯 반응해주는 관객들에겐 조금 미안했다. 물론 모두 직접 겪었던 일이지만 정말 죽을 뻔했다면 난 지금 살아 돌아오지 못했을 것이다. 처음 마주한 상황들이었기에 당황은 했어도 죽을 뻔했다고 스스로 믿은 적은 없었다. 다 그때마다 위험을 빠져나갈 만한 충분한 이유가 있었고 그 안에 '간신히'라는 단어를 쓸 여백은 없었다. 그래도 이런 이야기의 시작이 친구들의 굶주린 모험 요기는 채워주지 않았을까.

여행 중 예상 못 할 일들은 많았다. 하지만 목숨을 걸 만한 상황은 없었고 만들어서도 안 된다. 주변에 아는 이 없는 타지에서 내 몸은 더욱 스스로 잘 챙겨야 했으니까. 그래서 여행자들은 더 안전하고 덜 위험한 여행만을 고집해야 할 것이다. 아무 준비 없이 위험을 무릅쓴다면 그건 용기가 아니라 무모함에 가깝다. 오랜 여행이었기에 사사로운 이야기는 생겼지만 어쩐지 모험 같을 여행의 실상이 가장 안전만을 고집한 시간이었던 건 아이러니하다.

_____ 낭만 잃은 종단열차

　기차가 퍼졌다. 기차가 퍼질 수가 있는 교통수단이란 걸 또 처음 알았다. 며칠 전 버스를 타고 갈 때도 차가 퍼지는 바람에 고생한 적이 있었는데 기차는 난생처음이었다. 아프리카에서는 많은 것들이 퍼지기를 좋아하는 것 같았다.

　첫 출발역인 탄자니아 다르에스살람(Dares Salaam)에서 종착역인 잠비아 카피리 음포시(Kapiri Mposhi)까지 국경을 넘어 3박 4일이 걸리는 긴 여정의 '타자라(TAZARA) 열차'. 승객들은 기차 안에서 씻고, 자고, 밥을 먹으며 지내야 한다. 물론 인터넷도 없는 기차에서의 생활은 심심했고 그런 나태한 여행 2일 차에 기차가 퍼진 것이다. 마치 지루해하는 모든 승객들을 위해 이벤트를 준비한 듯 오랜만에 바쁘고 어수선한 날이었다.

　- 모든 승객들은 다음 기차역까지 알아서 버스를 타고 가세요. 그곳에 새로운 기차가 도착할 겁니다. 물론 지출하신 버스비는 모두 돌려

줄 거예요.

큰 목소리로 역무원 아저씨가 말했다. 아프리카가 질서와 대책이 없을 것 같으면서 문제가 생기면 의외로 신속하게 처리해준다. 물론 그만큼 사고가 많다는 방증일지도 모르지만. 어쨌든 합리적인 시스템이란 생각이 들었다. 교통비도 환급해 준다니! 여기서부터 알아서 버스를 타고 가야 한다는 게 아쉽지만 이렇게라도 갈 수 있어 다행이지 싶었다. 그렇게 현지인들을 따라 마을버스를 타고 약 2시간 정도 걸려 다음 기차역에 도착할 수 있었다.

– 자정에는 기차가 올 거야.

기차역에 도착한 시간은 저녁 7시. 상황이 어떻든 5시간만 기다리면 새 기차를 탈 수 있다는 것에 마음이 놓였다. 일단 기차만 타면 다시 누워서 잠은 잘 수 있을 테니까. 그래도 길은 어떻게든 생기나 보다. 그러나 착각도 잠시, 기차는 자정을 지나 다음 날 아침이 돼서야 도착했다.

– 믿은 내가 바보지.

결국 기차역에서 수많은 승객들과 함께 노숙을 했고 다음 기차가 올

때까지 무작정 기다려야 했다. 기차역에서 노숙은 처음이었기에 이것으로 여행 중 공항과 항구, 버스터미널 그리고 기차역까지 노숙하는 그랜드슬램을 달성할 수 있었던 씁쓸한 순간이었다.

한국이었다면 당연히 말도 안 되는 상황이었겠지. 하지만 여기는 아프리카. 기차를 타고 다시 갈 수 있는 것만으로도 감사할 뿐이었다. 기차는 꽉 채운 3박 4일간 탄자니아 국경을 지나 잠비아까지 이동했다. 아마 이보다 긴 기차가 있다면 한국인들에게 인기 있는 낭만의 시베리아 횡단열차가 있을 것이다. 아직 시베리아 횡단열차를 타보진 않았지만 이후로 하나는 알 수 있었다.

– 굳이 기차에서 낭만을 찾을 필요는 없겠구나.

_____ 구름이 가까운 날

- 태어나서 이처럼 구름을 가까이 본 적이 있을까?

동유럽부터 서유럽까지 유독 구름이 가까워 보이는 장소들이 있었다. 나중에 남미대륙을 여행할 때도 맑은 날이면 머리 위로 금방이라도 닿을 듯한 뭉게구름들은 내 맘을 설레게 했다.

- 와, 여기는 구름이 예뻐 보이려고 이렇게 내려왔나?

처음엔 구름이 땅으로 가까이 내려온 줄만 알았다. 마치 사람들에게 예쁘게 봐달라며 일부러 찾아온 듯 느껴졌다. 물론 그건 말도 안 되지. 구름을 가까이 볼 만큼 어느새 내가 높은 곳까지 올라온 거였더라.

유럽과 남미의 일부 지역은 척박한 고산지대임에도 마을이 형성돼 사람들이 살고 있었다. 그런 곳들을 여행할 때면 구름이 손에 닿을 것처럼 가까웠다. 나도 모르는 새 이만큼이나 높은 곳까지 올라온 것이다. 난 그런 느낌이 좋았다. 내가 알아차리지는 못했지만 구름이 닿을 만큼 높은 곳에 서게 된 느낌이.

– 언제 이렇게 높이 올라왔을까.

그럴 때면 이곳까지 올라오기 위해 애써 온 내게 기특함과 뿌듯함을 느꼈다. 그리고 살면서 다시 느껴볼 수 있는 감정이 되길 바랐다.

차곡히 쌓아온 인생의 언덕 위에 서게 됐을 때, 난 오늘을 떠올릴 것만 같았다.

_____ 특별한 순례길

순례길은 특별하지 않다.
당신이 1년 동안 걷는
동네 한 바퀴 걸음과
다름없는 길이다.

그러나 특별한 것은
이 길을 걷기 위해 와있는
당신이 특별했음을.

이 길을 걷기 전 당신은,
이미 특별했음을.

- 누가 순례길이 재밌다 그랬냐. 힘들기만 해!

순례길 12일 차, 뜨거운 햇볕 아래 순례자 쉼터에 앉아 있다가 한국말로 된 낙서를 발견했다. 조금은 이해가 됐다. 날마다 8시간씩 2~30km를 걸어야 한다는 것은 생각보다 쉬운 일이 아니었으니까. 주변에 유럽인들은 휴가 때마다 시간을 내서 들른다지만 아시아에서 10시간이 넘는 비행기를 타고 온 한국인들에겐 쉽지 않은 기회였기에 한 번에 다 걸어야 한다는 부담도 있었을 것이다.

- 음… 그래도.

물론 재미로 걷는 길은 아니었다. 실제로 재미있지도 않고. 하지만 이 길만이 갖는 특별함이 있었다. 순례자들은 모두 '여린' 사람들이었다. 누구는 직장을 그만두고, 누구는 미래의 고민을 들고, 누구는 도전 혹 어떤 이는 누군가를 멀리 떠나보낸 슬픔을 달래기 위해 이 길을 걷고 있었다. 그렇기에 길 위에 서 있는 순례자들은 아픔을 가진 서로를 이해할 수 있었다. 비록 잘 알지는 못했어도 마치 오랜만에 친구를 만나듯 서로를 맞이했다. 길은 모두에게 열려있었고 길 위에 모두가 마음을 열어놓았다.

어떤 여행이든 상상하던 것과 다를 것이다. 생각보다 밋밋하고 힘들고 재미없을지도 모르겠다. 하지만 여행 속 우연하고 소소한 재미들과 여행 전 그리고 여행 후 상상과 미화를 통해 만들어낸 추억들은 재미 이상에 큰 의미를 가져다줄 것이다. 산티아고 순례길은 힘들다, 그러나 분명 그 이상을 줄 수 있는 길이라 믿었다.

_____ 사진에 담긴 사람

아프리카에서 사진을 남기는 건 생각보다 어렵다. 눈치가 보인다랄까. 하늘이 예뻐 핸드폰을 꺼내 사진이라도 찍으려 하면 지나가던 사람들이 날 쳐다보기 시작한다. 그리고 불쾌한 듯 말을 건다.

– 찍지 마.

물론 하늘을 찍으려 한 것이었지만 그런 행위조차 신경 쓰이는 듯했다. 다른 피부색을 가진 타지인이 그들의 피부가 검다는 이유로 사진에 담으려는 건 마치 동물원에서 원숭이를 쳐다보듯 불쾌하게 느껴졌을 테니까. 이미 스쳐 갔던 수많은 타지인이 무례한 행동들을 반복해왔을 것이 분명했다. 그래서 그들은 사진 안에 갇히는 것을 매우 싫어했다.

눈으로 봤던 검은 피부의 사람들은 셀 수 없었지만 내 카메라에 담긴 이들은 별로 없었다. 내가 느낀 아쉬움을 뒤집어 본다면 나 역시 그들을 바라보는데 사람으로서 존중이 부족했을지 모르겠다. 가끔 이런 여행객들의 허기를 아는지 아이들이 다가와 말을 걸었다.

- 포토포토!

기묘하게 혹은 우스꽝스럽게 포즈를 취하는 아이들. 나는 그들을 향해 카메라를 잡았다. 이들을 카메라에 담는다는 건 흔치 않은 기회였으니까. 셔터를 누르던 손가락에 힘이 떨어질 때쯤 아이들은 내게 가까이 다가왔다. 그리고 그들의 작은 손바닥을 펼쳐 보였다. 떨어지는 동전 몇 푼으로 그들을 만족스러운 듯 떠나갔다.

카메라에 갇히기 싫어했던 그들도 카메라에 담기려 했던 이들도 모두 아프리카에 사는 평범한 사람들이었다.

_____ 보이지 않는 멍

횡단보도 반대편에서 루마니아인 남자 두 명이 나를 힐끔힐끔 쳐다보는 게 느껴졌다. 여행 중에 이런 시선은 익숙했지만 그래도 계속 쳐다보는 것 같아 신경이 쓰였다.

- 혹시 소매치기일지도 모르니까.

혼자만 외국인이라 더 조심해야 했다. 신호등 불이 켜졌고 그 둘은 내 옆으로 스쳐 지나갔다. 나는 긴장하며 뒤로 메고 있던 가방을 살짝 앞으로 돌려 멨다. 그리고 그때, 내 옆으로 무언가 '획' 하며 날아갔다.

- 돌멩이?

다행히 맞지는 않았지만 어디서 날아온 지는 금방 알 수 있었다. 뒤를 돌아보니 그들은 나를 곁눈질하며 도망가고 있었다. 던진 것이 무엇인지 확인하기 위해 앞으로 가까이 다가갔다. 그건 한창 겨울이었던 루마니아의 '얼음 돌멩이'. 사실 크기도 작고 위협적이지 않은 작은 얼음 돌멩이였지만 돌이든 솜뭉치든 중요하지 않았다. 다시 뒤를 돌아봤을 때 그들은 나를 향해 놀리는 듯 조롱 섞인 포즈를 취하고 있었다.

  해외에서 불필요한 마찰은 피하는 게 상책이라지만 고의로 이런 짓을 했다는 게 화가 났다. 머릿속으로 그 둘을 잡아 싸우는 것도 상상해봤지만 아무 의미도 없는 행동이었다. 인종차별인지 아니면 단순히 도 넘은 장난인지, 나는 기분이 상해버렸다. 앞으로 이런 일이 다시 일어나지 않으리란 보장도 없다. 만약 문제가 또 생긴다면 난 어떻게 행동해야 맞는 걸까. 해외에서 마주하게 되는 모든 피해 요소를 아무 항의도 없이 도망쳐야만 하는 걸까?

  – 피하는 게 현명해? 물론 그렇지. 내 감정이 상했는데도? 아니면 이깟 일 가볍게 넘기지 못하는 내가 바보 같은 걸까?

  이미 난 보이지 않는 멍이 들어버렸다. 실제로 맞지도 않았던 돌멩이에 마음이 긁혀 상처 난 것이 바보 같다고 생각했다. 직접 맞지 않아도 아플 수 있다는 게 우스웠다.

_____ 이왕 온 김에

- 그리스에 왔으니 유명한 산토리니는 한 번 가야겠지?

가야 할 이유는 없지만 왠지 가야만 하는 곳들이 있다. 그리스의 산토리니(Santorini) 섬은 광고 촬영지로 유명해 인기 있는 해외 관광지 중 하나였다. 파란 집들과 푸른 바다가 어우러진 환상의 섬을 모두가 보고 싶어 했다. 그래서 경로는 엉키지만 산토리니에 가는 것을 당연하다고 생각했다.

그러나 우연히 만난 일행의 제안으로 쉽게 포기하고 말았다. 비수기인데다가 물가도 비싸 여행 가기엔 좋지 않다며 일행이 말했다. 가기 싫다면 안 가면 되겠지만 오랫동안 붙잡아 고민한 이유는, 이런 유의 결정들이 있을 때마다 나를 괴롭히는 문장이 있었기 때문이다.

- 이왕 온 김에.

이 말에는 숨겨진 의미가 있었다. 딱히 끌리지는 않지만 가기 싫지도 않은 애매한 마음. 고민하면서도 안 가려니 아쉽고 또 가려니 안 내켰다. 때마침 하늘에서 내려온 이정표인 양 가지 말라고 제안하는 일행을 만났고 최근에 다녀온 불편했던 감상을 내게 전했다. 그렇게 난 주저 없이 산토리니를 포기해 버렸다. 물론 가고 싶은 마음이 별로 없었다는 건 알고 있다. 그러나 그럴 때마다 '이왕 온 김에'가 등장해 날 흔들어 놓았다. 마음으로 끌리기보다 아까워서 가는 여행이라니. 결국 안 가게 된 결정은 다른 여행자의 제안으로 시작되었지만 이미 마음은 정해져 있었을 것이다.

'이왕 온 김에'는 알 것 같은 내 마음을 헷갈리게 만든다. 나중에 후회를 피하고 싶은 욕심이 지금에 흔들림을 감수하라 말한다. 왜 여행 중이면서 여행지를 고르는 것보다 내 마음을 고르는 게 더 어려웠을까.

_____ 대통령을 만날 뻔한 날

남아프리카공화국의 케이프타운(Cape Town)에 도착해서 숙소로 가던 중 현지인이 내게 말을 걸었다.

- 지금 대통령님께서 지나가고 계십니다. 여기 주변 도로는 통제 중이니 걸어가시려면 통행증이 필요합니다.
- 네?
- 따라오세요. 제가 안내해드리죠.

말끔하게 정장을 차려입은 그의 왼쪽 가슴에는 '경호원' 명찰이 붙어 있었다. 남아공 대통령을 볼 수 있을까 궁금하긴 했지만 사람이 많은 곳은 피하고 싶어 어쩔 수 없이 다른 길로 돌아가려 했다.

- 그럼 이쪽 말고 저쪽으로 갈게요.

그러자 그가 나를 막아섰다.

- 시간이 없어요. 저쪽으로 가야 합니다!

왜 시간이 없다고 하는지 의아했다. 그의 말을 진짜라 믿었기에 길을 돌아가겠다 말했지만 굳이 따라오라는 말에 의심이 가기 시작했다. 미안! 하고 돌아서니 그는 더 이상 따라오지 않았다.

그럼 그렇지, 대통령은 무슨. 주변은 휑할 뿐 아무것도 보이지 않았다. 명찰과 정장까지 차려입고 사기를 치려 했던 준비가 가상해서 웃음이 나왔다. 그리고 곧이어 두 번째 현지인을 만났다.

- 저는 경찰입니다. 대통령님께서….

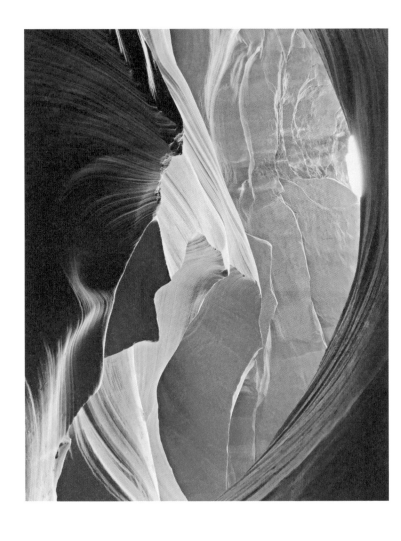

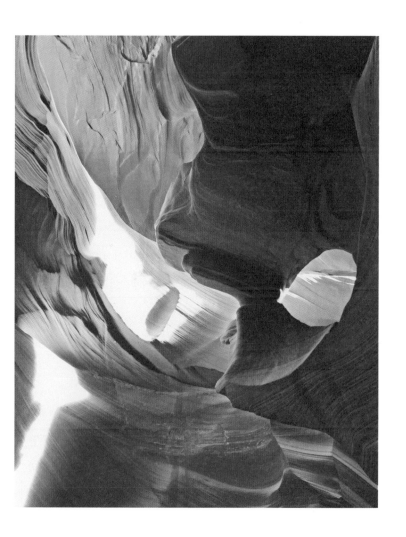

_____ 자연이 더 좋아

- 자연을 여행하는 게 더 좋아.

여행을 좋아하는 사람이나 혹은 사람들의 여행 성향을 들어보면 대게 비슷한 말을 했다. 대부분 도시보다 자연을 더 좋아했다. 어른들은 어릴 적 시골에서 살았던 추억을 되살려보고 싶어 했고 도시에서만 살아온 젊은이들은 낯선 자연이 펼쳐진 여행을 선호했다. 그건 나역시 마찬가지였다.

- 똑같은 도시 풍경은 지겨워.

세계여행의 첫날, 서울과 비슷한 도시환경인 싱가포르에 도착했을 때 아쉬움에 한숨을 내쉬었다. 난 자연을 여행하고 싶었다. 어딘가 풀숲을 헤치며 모험 중인 상상 속 내 모습이 진짜 여행이라 꿈꾸면서 말이다. 그래서 정말 동남아부터 시작해 인도 남아시아, 중동까지 온통 푸른 숲과 황량한 사막을 지나 도시와는 거리가 먼 여행을 다녔다. 중

동 여행이 끝나던 무렵 난 아프리카와 유럽 중 어디를 먼저 갈지 선택해야 했다. 계절상 유럽은 추운 겨울이었고 아프리카는 따뜻한 봄이었기에 여행으로 더 적합한 곳은 아프리카였을 것이다. 하지만 내 결정은 달랐다.

- 유럽으로 가야 해. 도시가 보고 싶어!

다름 아닌 도시가 보고 싶어서였다. 깔끔하게 깔린 도로와 음료수가 진열된 편의점이 그리웠다. 더 이상 황무지와 풀숲은 그만 보고 싶었다. 덥고 거칠기만 했던 여행에 점차 싫증이 난 것이다.

- 내가 자연을 좋아하는 건 아니었구나.

도시에만 사니 자연이 좋다고 생각해왔다. 그러나 그저 가까웠기에 소중함을 몰랐을 뿐이라는 걸 알게 됐다.

_____ 감기의 회고록

처음으로 감기에 걸리고 말았다. 여행 중 딱히 아픈 적이 없어 건강을 자부했었는데 단단히 착각했던 것임을 알았다. 감기 기운이 있을 때까지도 내일이면 다 나을 거라며 가볍게 여겼던 것이 가장 큰 실수였다.

동행을 만나 원래 페이스대로 여행이 안 됐던 것 같다. 배려심 깊은 동행은 무조건 내 일정에 맞춰주겠다 했지만 그를 위한다고 조금 과하게 움직였던 내 탓이었다. 평소보다 조금 더 걷고 조금 덜 자고 조금 더 긴장했을 뿐으로 감기에 걸리고 만 것이다. 그제야 나의 우습고도 슬픈 건강 관리법을 알게 됐다.

– 난 건강한 게 아니라 안 아프게 다녔을 뿐이구나.

혼자다 보니 쉬고 싶으면 쉬고 걷고 싶으면 걸으며 여행을 다녔다. 힘들면 숙소로 들어갔고 심심하면 밖을 나왔으니 아플 틈이 없었던 것이다. 그런 이유로 감기도 걸리지 않던 나를 보며 전보다 건강해진 거라 착각했으니 몹시 스스로가 부끄러워지는 순간이었다.

 살면서 이런 적이 한 번은 아니었겠지? 혼자 의기양양해서 착각했던 것들에 다른 이유가 있었지 않았을까. 넓은 세상을 여행하면서 어쩐지 나만의 좁은 세상에서 살아왔던 것은 아닐까 생각했다. 내 안의 세상은 커 보였어도 되돌아봐야 할 순간들로 넘쳐흘렀던, 생각보다는 작은 세상이었다.

_____ 매일 소개팅

　소개팅은 걱정과 설렘이 공존한다. 잘 맞지 않을 상대라 실망할지도 모르지만 운명의 짝을 만날지도 모른다는 행복한 상상의 나래를 펼치며 소개팅 장소로 향한다. 난 매일 소개팅을 해야 했다. 설렘과 걱정으로 맞이했어야 할 숙소와 말이다.

　숙소 그리고 침대와의 첫 만남은 언제나 빠른 눈동자로 상대를 훑으며 시작했다. 키, 얼굴, 옷, 목소리로 상대의 첫인상을 결정하듯 나 역시 숙소를 마주할 때면 청결부터 시작해 부엌, 화장실, 커튼 등 여러 가지를 훑으며 첫인상을 결정했다.

　키는 나보다 조금 더 커야 한다. 나보다 작거나 딱 맞으면 발이 닿기 때문에 불편해 선호하지 않았다. 피부는 하얀 편이 좋다. 하얀색 천으로 덮인 침대보와 이불은 청결을 대표하는 깔끔한 모습이었다. 공과 사를 구별할 줄 알면 좋겠다. 커튼이 있다는 건 개인 공간이 보장되면서 쉴 때나 옷을 갈아입을 때 편리함을 제공했다.

단 한 번의 소개팅으로 인연을 맺을 수는 없다. 그렇듯 숱한 숙소를 만나고서야 점차 잘 맞는 상대를 고르며 편안히 잠들 수 있었다.

_____ 시장 안의 나라

원래 유명한 곳만 찾기 바빴다면,
이제 동네 시장을 거닐며
여행하는 것을 더 좋아한다.

옛날엔 심심하게 지나갔을 시장 길이
지금은 심심할 틈 없는 재미로 가득 차 있다.

시장에 들러 물건을 담을 순 없었지만
그 나라를 눈으로 담을 순 있었다.

_____ 세상에 공짜는 없다

- 어디서 왔어?

뻔하다 뻔해. 뭐하나 팔아보려 다가오는 친절을 가장한 장사. 길을
걷다 보면 다양한 사람들을 만나게 된다. 그중엔 친절한 사람도 있었
지만 대부분 나에게 돈을 뜯어내려는 장사꾼이었던 건 씁쓸할 뿐이었
다. 장사꾼의 종류도 다양했다. 물건을 팔려는 잡상인부터 시작해 마
약을 들이미는 깡 좋은 밀수업자까지. 해외에서 여행 중인 타지인은
좋은 장사 타깃과도 같은 말이었다.

- 그냥 가져가, 너한테 주는 선물이야.

그래, 처음에는 믿었지. 친구가 된 기념으로 주는 선물이라는데 고맙
다며 받았다. 그러나 겪어야만 알 수 있는 일, 세상에 공짜는 없었다.

- 대신 팁을 내.

선물이라 해 놓고 받으면 돈을 내야 한다고 말했다. 안 받겠다 하니 포장을 뜯어서 안 된다 하고 동전은 성에 차지 않는다며 지폐를 내라 한다. 선물을 주던 친구가 도둑놈이 되는 어이없는 상황이 펼쳐진다. 세상엔 공짜는 없었고 장사엔 일리가 없었다.

한 번은 짐 옮기는 걸 도와달래서 물건을 들어줬더니 돈을 내놓으란 적도 있었다.

- 뭐?

뭔 말도 안 되는 상황인지. 제대로 된 기념품도 아니고 알 수 없는 물건을 들었다는 이유로 돈을 내놓으라니. 기분 나쁘다고 화를 낼까도 싶었지만 그래야 의미는 없을 것 같았다. 못 알아듣는 척하고 뭐냐고 되물었다. 이게 뭐냐고, 도통 무슨 말인지 이해할 수 없다고 말했다. 알아듣는 것도 이상하지, 그냥 쓰레기를 쥐여줬으니. 그러자 내게 준 물건을 도로 가져가 설명해 주려 했다.

- 이게 뭐냐면….

그리고 말을 자르며,

- 응~ 고마워.

바로 뒤돌아섰다. 그래, 나도 이미 너희 같은 장사꾼 한둘 만나본
게 아니야!

_____ 작아진 히말라야

- 인생 중 가장 힘들었던 순간이 언제였나요?

면접관이 질문하자 주위엔 침묵이 흘렀다. 그때 옆에 앉아있던 한 지원자가 말했다.

- 히말라야 산맥을 오르는 순간이었습니다.

예상치 못한 대답에 모두가 놀랐고 어떤 경험과도 비교할 수 없는 특별함에 다른 지원자들은 쉽게 입을 열지 못했다.

히말라야 트레킹을 함께 끝마친 동행이 지난 면접 때의 이야기를 웃으며 꺼냈다. 아쉽게 떨어졌지만 그때의 기억으로 히말라야를 온 것에 기쁘다고 말했다. 우리는 히말라야가 자기 인생과 전혀 상관없는 이야기인 줄 알았다며 입을 모았다.

여행을 떠나기 전부터 히말라야는 내게 먼 이야기일 뿐이었다. 영화 히말라야를 보며 전문 산악인들에게만 허락된 신비하고 특별한 산이라고 생각했다. 그러나 인도 여행 중 히말라야를 트레킹 한 여학생을 만나게 되면서 생각이 달라졌다. 작은 체구에 연약해 보이는 그녀도 무사히 다녀왔다는 말에 왠지 관심이 생겼고 단지 두려운 장소만은 아니란 생각이 들었다. 그렇게 작은 호기심만을 품고서 약 이틀에 걸쳐 네팔 트레킹의 도시인 포카라(Pokhara)에 도착했다. 그때까지도 히말라야를 오를지 말지 결정은 못 내렸지만 힘들면 내려오자란 가벼운 마음으로 트레킹을 시작했다.

- 형, 입술이 파래요!

물론 고난이 없던 것은 아니었다. 매일 9시간씩 산을 타야 했고 산장은 너무 추워서 따뜻한 물병을 안고 겨우 잠들 수 있었다. 차가운 칼바람에 얼굴과 입술이 파래져 놀라기도 했고 고산병에 잠이 오지 않아 먹은 약의 부작용으로 온몸이 저려오기도 했다. 고생은 많았지만 그 모든 시간을 지나 얻게 된 시원한 성취감이 있었다.

히말라야 트레킹은 처음으로 내게 작은 세상을 안겨준 경험이었다. 상상만으로 그리던 세상이 두렵지 않은 현실로 나타날 수 있음을 증명해 준 첫 여행이었으니까. 이때부터 세상은 점점 작아져 가고 있었다.

_____ 벌레를 물려서

등이 가려웠다. 딱히 신경 쓰지 않았는데 샤워하면서 거울을 보니 등에 '쩜쩜쩜' 빨갛게 벌레 물린 자국이 보였다. '베드버그(Bedbug)'의 상징이라던 바로 그 쩜쩜쩜 자국. 하… 한숨이 나왔다. 도대체 언제 물린 것일까. 그러나 한편으로는 속이 시원하다고 생각했다.

- 드디어 물릴 것을 물렸구나.

왜냐하면 지금까지 베드버그를 물릴까 봐 항상 노심초사하며 긴장했으니까. 물리기 싫다고 신경 쓰며 다녔던 예민한 여행이었지만 결국은 어쩔 수 없는 일이었다.

생각보다 심하게 가렵지 않아 다행이었다. 모기가 문 느낌 정도? 직접 건드리지만 않으면 어느 순간 가렵단 느낌조차 들지 않았다. 뭐, 한번 물려보니 베드버그도 물린 만 한 것 같다며 허풍을 떨었다. 훗날 모로코 여행에서 그리고 멕시코와 쿠바를 여행하면서 베드버그에게 수

십 번을 물렸을 땐 정말 미치도록 가려워 고생했지만 말이다.

그래도 이때까지 피해온 베드버그를 경험할 수 있었던 첫날이라 왠지 후련하다고 생각했다. 마주치기 싫었던 벌레에 물려 우울했을 날이 오히려 상쾌한 날이 돼버린 것이다. 우리는 언제나 미리 긴장하고 거대하게 상상해서 걱정만 부풀리기 마련이었다. 그러나 상상하던 것을 직접 마주했을 때 이처럼 별거 아닌 것을 알게 된다면 내쉬는 건 체념이 아닌 안도의 한숨이지 않을까.

_____ 두 개의 아프리카

– 빵빵!

아프리카는 푸른 초원에 말들이 뛰어다닐 줄만 알았다. 그러나 아스팔트 도로 위에 차들은 잘만 굴러가고 있다. 붉은 황무지와 푸른 숲속에 움막집들이 있을 줄 알았던 아프리카에는 근사한 아파트와 벽돌주택 안에 사람들이 살고 있다. 그렇다면 음식들은? 동물들을 사냥하거나 나무에서 열매를 따 먹으며 살겠지 싶었던 그들이 가는 곳은 다름 아닌 '에이에프씨(AFC)'

– 아프리카 프라이드 치킨(Africa Fried Chicken)

케이에프씨 아닌 에이에프씨라니. 이곳에서도 있을 건 다 있다.

우리가 변했듯 세상도 이미 변해있었다. 변하지 않았던 건 우리의 선입견뿐. 보고 들어왔던 아프리카는 이미 과거의 영상으로만 존재했다. 물론 어디 시골엔 우리가 알던 아프리카가 존재하고 있을지도 모르겠다. 그러나 지금 내가 보고 있는 현대적이고 우리와 별반 다르지 않은 아프리카도 진짜 아프리카였다. 그들도 우리처럼 스마트폰으로 유튜브를 보며 웃었고 친구들과 PC방 또는 당구장을 가며 시간을 보내는 평범한 사람들이었다.

세상은 두 가지 방식으로 존재한다. 우리가 믿고 싶은 세상과 실제로 존재하는 세상. 직접 현실을 마주했을 때 두 세상은 하나로 합쳐져 우리 앞에 나타난다. 보고 싶었던 세상은 사라지고 새로운 진짜 세상이 눈앞에 펼쳐진다.

그래서 세상엔 두 개의 아프리카가 존재한다.
우리가 믿고 싶은 상상 속 아프리카와 믿든 말든 세상 속 아프리카.
우리가 무엇을 믿든 간에 이들은 그냥 이렇게 살아가고 있다.

_____ 포기하는 여행

– 나한테 점심을 사주든가 아니면 돈을 주든가.

도대체 왜 이런 문자를 보낸 것일까. 그것도 호텔 직원이. 여기 호텔에 3일을 묵었고 친절한 케냐 여직원과 조금 친해진 듯했다. 그리고 하루 더 연장하러 갔을 때 그녀는 내게 번호를 물어봤다. 어차피 내일 이곳을 떠날 거지만 외국인 친구를 사귀는 건 부담이 없었기 때문에 흔쾌히 번호를 알려줬다.

처음엔 영어를 잘못 해석한 것인가 싶어 몇 번이나 다시 읽어봤지만 아무리 봐도 목적은 돈이었다. 덕분에 우연히 알게 된 실비아라는 다른 케냐인 친구도 괜히 껄끄러워졌다. 가끔 돈 때문에 외국인에게 접근하는 현지인이 있다는 말이 떠올랐다. 이곳에서 이방인인 난 무엇이 옳고 그른지 판단할 눈이 없다.

실비아는 아침저녁으로 틈틈이 문자를 보내왔고 내게 케냐 나이로

비(Nairobi)를 관광시켜주겠다고 말했다. 보기 드문 친절이 처음에는 반가웠지만 돈을 요구하는 호텔 직원을 만나면서 의심이 들기 시작했다. 물론 진짜 친절인지도 모르고 괜한 걱정을 하는 것일까 싶으면서도 쉽게 믿음을 줄 수 없는 상황이 아쉽기만 했다.

여행 중 인연은 언제나 큰 기쁨과 영감을 주면서 더불어 위험과 걱정까지 안아야 했다. 외국인 친구와 즐거운 추억을 만들 수도 있었겠지만 내키지 않는 마음으로 가서 긴장할 생각을 하니 답답해 만남을 포기하고 말았다. 새로운 경험으로 변덕스러워야 할 여행 같아 보여도 포기를 골라야만 했던 재미없는 여행이었을까.

_____ 동물의 왕국

아프리카에서는 우리가 상상하는 것처럼 야생 동물을 쉽게 볼 수는 없다. 동물들의 영역을 따로 만들어 사람이 사는 공간과 뚜렷하게 구분한다. 각자의 공간에서 각자의 삶을 존중해 주는 것이 인간과 동물이 함께 살아가는 방법이었다. 물론 어디까지나 인간 입장에서 만들어낸 방식이지만.

그러나 남아프리카에 위치한 보츠와나(Botswana)는 달랐다. 마을에서 사람과 동물이 함께 살아간다. 차도를 걷는 멧돼지와 지붕 위 원숭이들은 흔한 풍경. 언뜻 보면 사람이 야생에서 살아가는 것만 같았다. 한 번은 택시를 타고 숙소로 향하던 중 택시 기사가 내게 조심하라며 경고했다.

- 지금 보이는 흙길로만 걸어가. 만약 다른 길로 걸어가면 그곳에 코끼리나 버펄로가 널 죽일지도 몰라.

택시 기사는 숙소로 걸어가는 평범한 마을길을 가리키며 말했다. 어쩔 수 없이 코끼리를 만나지 않기 위해 빙빙 돌아 숙소로 향해야 했다. 코끼리는 보고 싶었지만 내 목숨을 걸면서까지 보러 갈 수는 없었으니까.

다음 날 새벽, 일정을 위해 숙소에서 차를 타고 밖을 나가려는데 무언가 커다란 검은 형체가 보였다.

– 설마!

그렇다, 어제 쓰레기통을 헤집던 원숭이와 멧돼지에 이어 오늘은 코로 쓰레기통을 뒤지는 코끼리가 집 앞에 서 있었다.

아프리카에서 가장 코끼리가 많이 산다는 보츠와나, 그리고 사람들 역시 순하고 착한 코끼리를 사랑했다. 거리를 돌아다니는 멧돼지, 강가에 보이는 악어, 사람 없는 새벽마다 주변을 배회하는 코끼리를 보면서 여전히 남아있는 상상 속 아프리카를 보는 듯했다.

_____ 터키의 첫인상

- 더 이상 차는 못 가져갈 것 같아.

언젠가 국경에서 차를 뺏겼었다던 우스갯소리가 눈앞에 현실이 됐다. 어이없는 일이었지만 지금까지 국경에서 벌어지는 일들을 보며 수긍할 수밖에 없었다. 어쩔 수 없이 차에서 각자의 짐을 내렸다.

- 무슨 이런 다 국경이 있을까.

불가리아에서 터키로 넘어가는 육로 국경은 나라와 나라 간이 아닌 유럽과 아시아 대륙의 길목이라는 점에서 경계가 삼엄했다. 국경을 오면서 봐왔던 늘어진 화물트럭들도 이곳을 지나기 위해 3일을 기다린다고 했다. 까다로운 심사 끝에 우리는 결국 차까지 뺏긴 것이다.

카풀을 제공해 준 오마르 아저씨는 내게 미안하다고 말했지만 난 지금 상황이 전혀 싫지 않았다. 오히려 예기치 못한 여행이 만들어진 것 같아 설레었을 정도니까. 주위가 캄캄한 국경을 나왔을 때가 밤 11시, 우리는 그렇게 터키에 첫발을 내디뎠다. 한 시간 정도 기다려 국경 심사를 마친 버스가 나타났고 오마르 아저씨는 내 버스비까지 지불하고는 카풀비도 일절 받지 않았다. 처음부터 돈을 받을 생각이 없었다며 단지 즐거움을 위해 사람들과 함께한다고 말하는 오마르 아저씨. 아내와 아이들을 고향에 두고 일 때문에 터키에서 지낸다는 그는 마치 아들을 대하듯 날 챙겨주었다. 나도 그를 보며 한국에 계신 아버지를 떠올렸다.

그래서 내게 터키는 인상적인 나라였다. 쉽지 않았던 하루와 소중한 인연이 곁들여진 특별한 추억을 간직하게 됐다. 단 한 사람과의 하루뿐으로 터키에 잊지 못할 향이 남은 것이다. 언젠가 나도 누군가의 삶에 멋진 첫인상을 남겨줄 그런 사람이 될 수 있을까, 조심스레 약속한 날이었다.

2장
여전히 널, 기억하려고

사람이 보고 싶은 그리운 여행

기울어졌어도

쓰러지지 않는다면

그것도 좋아.

_____ 인복이 있다니까

- 내가 원래 운이 좋아. 인복이 있다니까!

여행 중 우연히 만난 몇몇 일행들이 내게 말했다. 그들은 스스로 행운이 따르는 사람, 특히 사람 복이 따르는 인복이 있다며 자랑스러워했다. 그 말을 들은 나도 기분이 좋았던 것은 함께 여행하면서 인복이라 표현했으니 그 행운의 출처를 다름 아닌 나로 표현해 주었기 때문이었다. 자기애 가득한 그들이 부러웠고 또 나까지 예쁘게 표현해 준 것 같아 고마웠다. 그들이 곁에 있으면 왠지 내가 더 가치 있는 사람이 된 것처럼 어깨가 으쓱해지는 기분이었다.

- 내가 누군가에게 행운이 될 수 있는 사람이구나.

그러나 뒤돌아 생각해보면 그들에게 행운은 따라다니지 않았다. 함께 여행하면서 그들은 실수를 연발했고 어려움에 부딪힐 때도 많았다. 그들과 함께라서 운이 좋았던 적은 손에 꼽을 정도. 아니, 그들의

운 덕분이 맞기는 했을까. 결국 며칠간 동행해보며 알게 된 것은 그들의 운은 별 효력이 없다는 사실이었다.

하지만 불안한 행운과 달리 그들이 가진 재능이 있었으니, 바로 어려움조차 즐겁게 승화시킬 줄 아는 긍정적인 태도였다. 어려움이 생겨도 불평하지 않았고 힘든 일이 있어도 호탕하게 웃어넘길 줄 알았다. 그들과 함께 있으면 나도 웃음이 많아지고 즐거워졌다. 그건 복이 자연스럽게 스며든 것이 아닌, 그들에게 다가온 모든 일상을 행복으로 바꿀 줄 아는 특별한 능력이었다. 어쩌면 운보다도 더 가치 있는 축복이 아니었을까.

그들과 함께 할 수 있어 여행은 한층 더 깊이가 생겼다. 그들에겐 배울 것이 많았고 나중에 헤어지고서도 그들만큼이나 나를 따뜻하게 만들어주는 사람은 없었다.

- 나 인복이 있어.

이후로 이 문장을 내뱉는 사람은 무조건 믿고 보는 버릇이 생겼다. 그들을 만났던 나도 인복이 전염된 것일까. 아니, 아마 전부터 내겐 인복이 있었을 것이다. 그들처럼 특별하고 좋은 사람들을 만날 수 있던 건 인복이 있는 내게 들어온 진짜 복이었을 테니까.

_____ 불편한 공항

공항은 설레는 공간이면서 동시에,
쓸쓸하고 서운한 공간이다.
이곳엔 시작과 이별이 함께 있다.

새로움에 대한 도전이라는 설렘과
그동안 함께한 인연들과의 헤어짐.
그래서 난 이곳이 불편하다.

처음엔 먼 곳에 금방 도착한다는 게 좋았지,
그러나 헤어짐 이후 함께한 아쉬움의 여운은
먼 곳까지 함께 따라와 쉽게 가시지 않았다.
그래서 난 지금도 이곳이 불편하다.

산티아고 순례길에서 세계여행을 시작한 예은이를 만났었다. 가난한 여행 중이던 우리는 서로의 처지를 금방 이해했고 조금의 시간을 더해 함께 여행도 할 수 있었다. 아직 우리의 여행은 끝나지 않았으니 나중에 어디선가 보자 약속하며 그렇게 예은이와 헤어졌다. 그리고 반년의 시간이 흘렀다. 딱 하루 차이로 남미대륙 콜롬비아의 수도 보고타(Bogota)에서 비행기 표가 겹치게 됐다. 예은이는 오고 다음 날 나는 가고. 세상은 넓지만 가끔 작을지도 모른다 생각이 드는 날, 오늘이 바로 그런 날이었다.

반년이라는 시간이 지났는데 얼마나 변해있을까. 그런 기대가 우스워질 만큼 우리는 하나 변한 것 없는 모습으로 서로를 맞이했다. 다만 조금 더 핼쑥해지고 새까맣게 타버린 예은이를 보며 웃음 지으면서도 안쓰러운 마음만은 달랐을까. 그렇게 오래된 친구를 만나듯 반갑고 편했던 하루를 함께 보낼 수 있었다.

짧았던 동행을 마무리하고 우리는 또다시 헤어진다. 헤어짐은 언제나 아쉽고 어렵다. 아무리 반복돼도 적응이 되지 않는 일. 그래서 함께라는 게 얼마나 소중한지 여행을 통해 많이 느끼게 되는 것 같다.

- 또 다른 만남이 있을 것이기에 괜찮아.

과연 그럴까. 사실 저 말을 받아들이고 싶지 않다. 그건 그거고 이건 이거다. 오직 지금의 만남이 중요했고 지금의 헤어짐이 아쉽다. 그렇기에 지금 느끼는 이 섭섭함을 조금 더 오래 간직하고 싶다. 헤어짐에 아프고 힘들어야만 한다고 믿었다.

어쩌면 그건 함께한 인연들과의 시간이 즐거웠다는 무엇보다 뚜렷한 증거일 것이기 때문에.

_____ 아쉬움을 담는 노인

　태국 치앙마이(Chiang Mai)에서 한창인 등불 축제, 하늘 위로 올라가는 수많은 등불들은 마치 밤하늘에 흐르는 붉은 은하수 같았다. 모두가 등불을 하늘에 날리며 소원을 빌었고 건강과 행복이 담긴 붉은 별들이 떠오르는 모습을 지켜봤다. 단순히 등불을 보기 위한 축제가 아니었다. 작은 소망들이 어두운 밤하늘을 더욱더 검게 그을리는 세상에서 가장 특별한 광경이었다.

　축제가 한창일 때 복잡한 축제장을 떠났다. 이미 눈으로 충분히 담았기에 남겨진 등불들과 아쉬움을 뒤로한 채 숙소로 걸어갔다. 거의 숙소 근처에 다다랐을 때쯤 등불들은 저 멀리 작은 별이 되어있었다. 그렇게 마지막 모습까지 담고서 숙소에 들어가려던 순간 어떤 소리가 들렸다.

　- 찰칵

숙소 옆에서 경비원으로 보이는 한 노인이 멀리 보이는 작은 등불들을 핸드폰에 담고 있었다. 핸드폰 카메라에 담긴 등불들은 흐릿할 뿐 가까이서 보는 것만큼이나 아름답진 않았다. 그러나 노인은 신경 쓰지 않는 듯 붉은 점들을 몇 번인가 더 사진으로 남겼다. 그것은 축제의 아름다움을 담기보다 남겨진 아쉬움을 덜어내는 것처럼 보였다. 하늘에 등불들이 아름답게 펼쳐진 축제 날, 내겐 등불이 아닌 멀리서 아쉬움을 바라보는 한 노인이 뇌리에 깊게 남았다. 매년 볼 수 있는 이 축제가 이들에게 일상이자 지루한 행사일까 싶었지만 그렇지 않았겠지. 이들도 다른 관광객들처럼 축제를 즐기고 싶었던 건 당연한 마음이지 않았을까.

어떤 이가 즐거움을 질린다고 말할 수 있을까.
이들이나 우리나 모두 똑같은 가슴을 가진 사람일 뿐인데.
그저 즐거워지고 싶고 행복하고 싶은 평범한 사람들일 뿐인데.

여전히 난,
행복하려고

_____ 세상을 훔친 강도

　스리랑카 여행 첫날, 해가 떨어진 어두운 해변을 걷다가 칼을 든 강도를 만났다. 무작정 뛰었고 도망친 덕분에 큰일은 없었지만 꽤 충격적인 경험이었다. 아슬아슬하게 위험을 빠져나온 박진감 넘치는 이야기보다는 단지 운 좋게 무사했을 뿐이었다.

　여행하는 나라가 많아지면서 점차 치안에 무신경해졌을 무렵 그런 일이 생겼다. 이후로는 해가 지기도 전에 무조건 숙소로 들어왔다. 누군가 가까이만 다가와도 소스라치게 놀랐고 모든 스리랑카인이 무섭게만 느껴졌다. 내게 모두가 강도처럼 보이기 시작한 것이다. 하지만 시간이 지나 실제로 만난 스리랑카인들은 어느 나라 사람들보다도 친절했다. 그들은 순수했고 배려심 깊은 사람들이었다. 특히 한국에 대한 관심이 많아서 여러 친절과 호의를 받으며 즐겁게 여행을 마무리할 수 있었다.

　이미 알고 있었다. 내게 해를 끼치려 했던 강도만이 나쁜 것이지 모든 스리랑카인이 나쁜 게 아니란 사실을. 단지 강렬했던 그때의 경험으로 스리랑카 하면 떠오르는 기억에 상처가 났다. 단 한 사람을 만났을 뿐인데 스리랑카의 다양하고 풍부한 문화를 모두 무시하게 돼버렸다. 강도에게 난 여러 외국인 중 하나였겠지만 내게는 그 강도 한 사람이 스리랑카 모두였다.

강도를 만난 이후로 타인의 세상을 생각해보는 계기가 됐다. 누군가 나로 인해 세상이 바뀐 적은 없었을까. 슬픈 세상이라면 아쉽고 기쁜 세상이라면 좋겠다. 물론 누구에게나 아름다운 사람으로만 기억될 수 없다는 건 잘 알고 있다. 그러나 한 사람만으로 세상이 달라질 수 있다는 걸 알게 된 경험이었기에 중요했다. 누군가의 세상을 아프게 만들 권리는 없었어도 아프게 만들지 말아야 할 책임은 있었다. 강도를 만나 기억 속 스리랑카가 상처 난 것처럼 난 누군가의 세상을 아프게 바꿔놓은 적은 없었을까.

_____ 불쌍하지 않은 아이들

3박 4일간 아프리카 탄자니아에서 잠비아로 향하는 타자라 열차 안, 같은 칸 룸메이트였던 독일인 친구 샘이 밖에 아이들을 보며 말했다.

– 저런 낡은 집과 가난이라니, 불쌍한 아이들.

기차가 보이면 신기한 듯 따라오는 아이들. 아마 지나가며 밖에 보이는 낡은 움막집이나 벽돌집에 사는 아이들이겠지. 멈춰있는 열차 창문 밖으로 갖고 있던 과자를 꺼내 보이자 금세 아이들이 몰려들었다.

– 자, 하나씩 가져가.

아이들의 웃음을 보고 있으니 나도 기분이 좋아진다. 음… 그런데, 나도 이 아이들을 불쌍하다 생각하고 있을까.

미안, 사실 난 이 아이들이 불쌍하지 않다.

이대로 살아가는 아이들이고 사람들일 뿐이다. 적어도 내가 본 아프리카 사람들은 부족하게는 지내고 있을지언정 밥이 없어 굶는다거나 미개하지 않았다. 실제로 본 그들의 모습은 우리와 별반 다르지 않았다.

아프리카를 여행하며 느낀 놀라운 점이 있다면 하나는 생각보다 아프리카엔 번쩍거리는 도시가 많다는 것, 둘은 아프리카인들에게 동양인은 그다지 신기하거나 특별하지 않다는 것, 마지막으로 시간이 지날수록 스스로가 외국인인지 모를 정도로 이들에게 익숙해졌다는 것이다. 아프리카 여행의 끝으로 다르지 않은 삶, 조금 멀리 떨어져 어딘가에 살고 있는 평범한 사람들을 알게 됐다.

아이들의 떨어진 가방끈, 찢어진 신발, 구멍 난 티셔츠를 보고 있으면 분명 도와주고 싶은 마음이 생겼다. 그러나 불쌍하다, 가엾다는 마음은 적어도 그들에게 드리울 시선이 아니란 생각이 들었다. 우리보다 부족하게 지내더라도 이들의 표정은 우리보다 훨씬 더 환한 웃음을 갖고 있었으니까.

_____ 어머니, 괜찮아요

어머니, 오늘은 날이 맑아서
괜찮다 말씀드렸죠.

그런데 전화를 끊고서
저는 길을 잃었어요.
비도 왔어요. 그리고
오늘 가야 할 길도 멀었죠.

어머니, 저는 다시 전화해도
괜찮다 말씀드려요.

– 괜찮아요.

일주일에 한 번은 어머니께 전화를 드렸다. 해외에서 오랜 여행 중인 아들은 언제나 걱정덩어리였을 것이다. 날마다 걱정하고 계실 어머니를 위해 내가 할 수 있는 최선은 전화뿐. 그래서 전화를 드릴 때마다 '괜찮다'는 말을 꺼냈다. 오직 그 한마디가 어머니를 안심시킬 수 있다고 믿고 있었으니까.

괜찮다는 말을 수없이 뱉었던 전화가 끊어지면 난 잠시 생각에 젖는다. 정말 괜찮을까 아니면 괜찮은 척하는 것일까. 알 수 없어서 일단 여행을 계속하기로 한다. 거짓말이더라도 여행은 해야 했다. 언제 어디서든 끝낼 수 있는 자유로운 여행이라 마음이 무거울 필요는 없다. 누구를 위한 것도 아닌 오직 나를 위한 여행인 만큼 끝내는 것조차 내가 결정할 쉬운 여행. 그러나 내가 끝내지 않는다면 누구도 끝낼 수 없는 이기적이고 고집스러운 여행.

여행은 언제 끝나게 될까. 나도 모르는 여행의 끝을 계속 미루고 있다. 조금 전 뱉었던 괜찮다는 말, 그 말을 들으신 어머니가 조금이라도 괜찮아졌다면 충분했다. 아니, 당연히 어머니는 앞으로도 걱정으로 속이 타시겠지만 내 마음이라도 편할 수 있게 그렇다 치자. 지금은 괜찮지 않아도 괜찮다며 나아가야 할 때였으니까.

_____ 풀리지 않는 매듭

순례길에서 잠시 동행했던 '징'이라는 친구에게는 여행에 남은 시간이 길지 않았다. 딱 10일. 만약 여기서부터 걸어간다면 마지막 지점까지 20일은 더 걸릴 거리였다. 징은 이 마을에서 기차를 타고 먼 지점까지 이동 후 다시 걸을 것이라 말했다. 그렇게 내 임무는 끝이 났다. 순례길에 대해 아무것도 몰랐던 그녀를 목표한 마을까지 무사히 데려왔으니 말이다. 비록 느린 발걸음에 맞춰 어렵게 걸어야 했지만 함께였기에 해낼 수 있었던 길이라 믿으며 나 역시 보람을 느꼈다. 그러나 다음 날 아침, 징이 말했다.

– 너와 함께 좀 더 걷다가 기차를 탈까 해.

징의 말은 어제와 달랐다. 그녀가 남은 순례길에서 갈만한 마을과 교통수단 등 여러 가지를 알려주고 있는데 이야기를 꺼낸 것이다. 그러나 내가 말했다.

- 징, 여기가 네가 갈 수 있는 마지막 큰 마을이야. 넌 더 걸을 순 있지만 앞으로 어디서 기차를 타야 할지 알 수 없잖아. 여기서 타고 가는 게 나을 거야.

이것은 객관적인 사실이었다. 나였다면 그렇게 했을 것이고 대부분의 사람에게 물었어도 이게 더 합리적인 방법이라 말했을 것이다. 그러나 내겐, 더 이상 징을 데리고 가고 싶은 마음도 남아있지 않았다. 그녀를 배려하기엔 나도 이미 지쳐있었고 앞으로는 혼자 걸어가고 싶다고 생각했기 때문이다.

징은 고민하는 듯 보였다. 난 징을 위해 다시 지도 보는 방법을 알려주었다. 여행자 숙소를 찾는 법과 순례길을 걷는 모든 방법을 알려주었다. 그것이 정말 징이 잘 갈 수 있기를 바라는 마음이었는지 아니면 징을 떨어뜨리기 위함이었는지 당시에 난 알 수 없었다.

징은 결국 내 말을 이해했고 혼자 갈 수 있음을 알았다. 우리는 그렇게 헤어졌다. 징을 기차에 탈 수 있도록 보내고서 난 오늘 가야 할 순례길로 다시 들어섰다. 혼자 걷는 길은 마음이 편하기도 또 허전하기도 했다. 그런 나의 모순적인 모습에 알 수 없는 쓴웃음을 지었다. 그녀를 위해 더 희생해 줄 수는 없었을까? 아니면 나를 위해 진작에 그녀를 두고 떠났어야 했을까? 어려웠던 물음에 답할 수도, 답을 내놓지도 않고서 순례길을 이어나갔다.

 만남은 쉬웠어도 헤어짐은 어려웠다. 이유가 없었던 만남에 따라오는 헤어짐의 이유를 고민해야 했다. 관계는 둘이서 풀어야 할 문제인 것 같으면서 먼저 풀어야 할 매듭은 내 안에 있는 듯 느껴졌다.

_____ 불가결의 인연

두 사람에게서 태어난 우리가
홀로 살아간다는 건 원래부터,
말이 안 되는 것이었다.

 순례길 위에 반려동물과 함께 걷는 사람들이 있다. 그래서 순례자들
이 묵게 되는 알베르게(Albergue) 숙소에는 동물 허가 표시를 따로 볼
수 있다. 동물들과 함께 걷는 순례가 언제나 인상적이었지만 지금 마
주친 이 친구들은 더욱 평범한 주인과 반려동물의 관계가 아니었다.

 – 이미 산티아고 성당을 보고서 다시 돌아가는 길이야. 여기까지 걸
어오는 데만 석 달이 걸렸네. 그리고 길에서 우연히 만난 이 녀석과
함께 걷고 있어.

800km의 끝을 찍고서 다시 돌아가는 것도 신기한데 길 위에서 만난 강아지와 함께 걷고 있다니. 어떻게 이런 신기하고 기묘한 인연이 다 있을까.

- 간식을 주니까 계속 따라오더라고. 그래서 그냥 함께 걷기로 했어.
- 와! 신기하다. 분명 강아지는 좋은 주인을 만나 행복할 거야.
- 아니, 얘 덕분에 내가 더 행복하지.

순례길 위에서 만난 여러 인연들은 내게 특별한 영감을 준다. 이 친구들은 단순히 주인과 동물이 아닌 서로에게 의지와 희망을 주는 소중한 동지로 길을 함께하고 걷고 있었다. 동물이든 사람이든 어떤 관계에서도 단순한 의미로 정의될 순 없었다. 인연을 어떻게 풀어가냐에 따라 인생길까지 달리 걷게 될 것이라 일러주는 듯, 누구보다 행복한 길을 걷고 있는 저 둘을 보며 가슴 깊이 이해할 수 있었다.

_____ 마음의 무게

아무것도 가진 것이 없는 나였고
어떤 것도 가질 것이 없는 나이라
누구나가 가질 수 없는 여행을 한다.

여행을 온 내게 감사하지 말자.

내게 여행이 온 것에 감사하자.

- 순례길은 어떻게 오시게 된 건가요?

짧지 않은 시간 동안 오직 걷고 또 걸어야 하는 순례길 위에 수많은
사람들, 그리고 그들과 함께 따라온 수만 가지 이유가 길 위에 함께 놓
여있었다. 다양한 사람들이 있는 만큼 다양한 이유가 있을 것이기에

그들의 특별한 사연과 순례길을 걷게 된 계기가 궁금했다. 과연 이 많은 사람들은 어떤 이유에서 지금을 걷게 된 것일까.

대게는 특별하지 않다고 생각했다. 은퇴 후 여행 중이신 노부부, 퇴직 후 미래를 그리기 위해 왔다는 누나, 트레킹이 좋아 도전한다는 형님까지 가벼운 여행이자 도전적인 의미로 이곳에 온 것을 알았다.

- 그냥 길이구나.

그러나 순례길의 이유를 묻는다는 단순한 의문이 실례가 될 수 있음을 깨달은 건 얼마 지나지 않아서였다. 수많은 사람들이 지나간 만큼 차마 쉽게 말하지 못할 사연도 있다는 말이었다.

- 50년을 함께한 아내가 지난달 세상을 떠났다오.

갑작스러운 이야기에 어떤 말도 잇지 못했다. 그랬다, 어찌하여 가벼운 이유가 있을 수 있을까. 그제야 지금까지 이유를 물으며 걸어온 길에 말을 흐렸던 몇몇 순례자들이 떠올랐다. 아마 내가 상상하기 어려울 정도로 무거운 마음을 들고 이 길에 올랐을 그들이었다.

도전적 의미로 메고 다녔던 나의 20kg의 무거운 배낭. 그것은 가볍게 올라선 내 마음을 대신한 것이었을지 모르겠다. 이 길을 걷는 다른 이들은 내 배낭보다도 훨씬 무거운 마음을 들고 길을 걷는 중이었다.

_____ 나약하지만 강한

- 내가 강한 줄 알았는데 나약한 사람이었어.

순례길 중 여러 잔병으로 고생하시는 아주머니가 말씀하셨다. 나 역시 나이도 어리고 체력을 자부하며 시작한 순례길이었지만 그 과정은 이리 아프고 저리 고생하며 생각보다 스스로 강한 사람이 아니란 걸 알게 됐다. 그러나 비단 신체적인 한계뿐만이 아니었다.

순례길 위에서 무거운 시간을 떠올리며 걸었다. 지금껏 살아오면서 실망했던 일, 힘들었던 일, 화가 났던 일, 내가 감당할 수 없었던 것들과 무너졌던 일들을 떠올렸다. 그때의 순간과 감정을 길 위에서 한 걸음 한 걸음 내디디며 다시 되뇌어보고 음미했다. 파도로 무너진 모래성을 다시 쌓을 순 없더라도 남은 자리를 단단히 눌러 다지듯 과거를 수 번이나 게워내며 걸었다. 지난 나를 꺼내 보고 나서야 스스로가 참 나약한 사람이었다는 걸 알게 됐다.

신체적으로나 심적으로나 난 나약했다.

그러나 이 길을 걷고 있는 나를 돌이켜본다면,
날카로운 시간을 지나 지금까지 버텨온
'강한' 나이기도 했다.

_____ 어차피 행복이란

혼자서 순례길을 걷고 계시는 할머니를 만났다. 존경스러웠다. 노부부가 함께 걷는 모습은 가끔 본 적이 있었지만 할머니 혼자는 처음이었으니까. 할머니가 어떤 분인지 궁금했고 함께 걸으며 몇 가지 좋은 이야기를 들을 수 있었다.

할머니는 나이에 상관하지 않고 젊게 생각하려 노력하는 분이셨다. 뚜렷한 철학과 주체적인 삶을 지향하시는 할머니의 걸음은 내게 큰 영감을 주었다.

– 할머니, 요즘은 어떤 생각을 하세요?

어르신들께서는 나이가 있으신 만큼 보통의 대답을 하실 거라 예상했지만 할머니의 대답은 단순하면서도 명료했다.

– **행복**, 어떻게 하면 행복할 수 있을지 고민 중이에요.

순례길 그리고 내 여행의 목표는 '행복'이었다. 또 모든 이가 바라는 인생의 막연한 목표일 것이다. 나 역시 지금의 걸음과 시간을 통해 행복을 찾을 수 있길 바랐다. 적어도 눈에 보일 수 있도록 정의하고 싶었다. 그러나 나이 지긋하신 할머니께서도 여전히 행복에 대해 고민하셨다. 아무리 시간이 지난다 하더라도 행복을 정의하기란 처음부터 불가능한 것일지도 모른다.

세계여행이든 순례길이든 결국 정답은 없을 것 같다. 다들 무언가 찾아 헤매지만 집으로 들고 가는 것은 진짜 행복일까 아니면 진짜 같은 가짜 행복일까. 이제는 어떤 것이든 상관없다고 생각했다. 몇 년의 여행으로 백 년 가까운 인생의 답을 얻고 싶어 했던 것은 처음부터 욕심이었을 테니까. 아니, 어떤 답으로 살다 죽든 아무 상관 없을 만큼 인생은 짧은지도 모르니까.

_____ 지금은 모를 이유

동행은 산티아고 순례길이 끝나는 날, 성당 앞에서 마음껏 울 거라고 말했다. 그래서 그날 아침에 와인을 반병 마시고 편하게 울고 싶다는 감수성 풍부한 순례자님. 무엇 때문에 눈물을 흘릴 것 같냐고 묻자 당황한 듯 잘 모르겠다고 대답한다.

- 지금까지 힘들게 걸어온 고생 때문에? 길 위에서 만난 친구들과 헤어져서? 아니면 한국에서 마주할 현실에 대한 두려움? 여러 가지가 떠오르는데 딱히 뭐 때문에 서운한지 잘 모르겠어요.

힘들지만 마무리 짓기엔 서운하다며 이 길을 천천히 끝내고 싶다는 마음에 공감했다. 사실 나도 아쉬웠지만 섭섭한 이유를 설명할 순 없었다.

아쉬움의 이유를 지금은 알 수 없을 것 같다. 또 시간이 지나도 금방 알아차리지 못할지도 모른다. 당장 슬프고 서운한 감정이 든다 해

도 지금에서 알 수 없는 것들이 있었다. 훗날 서운함을 받아들일 준비가 됐을 때 그 이유가 자연스럽게 스며들어 이해될 것만 같은 기분이 들었다.

_____ 끝에서 길을 잃다

산티아고 데 콤포스텔라(Santiago de Compostela) 성당, 순례길 800km
를 다 걸으면 도착하는 마지막 장소. 난 그곳이 오래 기억에 남았다.
완주해냈다는 성취감과 희열이 아닌, 끝에 부딪혀 가야 할 곳을 잃은
방황하던 내가 떠올랐기 때문이다.

- 끝, 그러면 이제.

산티아고 성당을 보기 위해 한 달이 넘도록 걸어왔다. 목표를 이뤘
으니 다른 이들은 그리운 집으로 돌아갈 것이다. 그러나 난 돌아갈 집
도 가야 할 길도 없어 어디로 향해야 할지 몰랐다. 지금 이 순간만이
목적이었을 뿐 더 이상 가고 싶지도 멈출 수도 없었다. 그래서 끝을 장
식하기보다 쫓기듯 산티아고를 떠났다. 갈 곳 없어 방황하는 내 모습
이 싫어 나를 감추듯 어디론가 도망쳐야만 했다.

기뻤어야 할 마지막이 내게 허전하고 쓸쓸한 기억으로 남아버렸다.

갈 곳은 없지만 다시 어디론가 계속 걸어가야 할 것만 같은 난, 길을
잃어버렸다.

_____ 서로의 문장

  아프리카 여행을 갔다가 좋은 기회를 얻어 봉사하셨다는 글을 봤어요. 그걸 보고 처음 든 생각은 '부럽다'였을 거예요. 이렇게 여행도 다니고 편하겠다고 생각했죠. 그건 제가 하지 못한 것을 하고 계신 것에 대한 질투였던 것 같아요. 비록 삐딱한 시선이었지만 사진들이 예뻐 하나하나 내려보고 있었죠. 그러다가 우연히 어떤 글을 읽게 되었어요.

  '무언가 해야 한다는 강박 속에 무언가 하지 않는 방법을 잊어버린 것은 아닐까.'

  이 문장을 읽는 순간 가슴이 철렁 내려앉았어요. 제가 지금 느끼는 기분을 가장 잘 표현해 준 말이라 생각했거든요. 저는 졸업을 앞두고 인턴 생활을 하면서 퇴근하자마자 부모님 가게로 일하러 가요. 주말에는 아무 데도 나가지 않고 혼자 술만 마시고요. 그런데 그 글을 읽자 저 스스로가 너무 불쌍한 거예요. 지금 제 모습이 안타깝다고 생각했어요. 그렇게 혼자 엉엉 울다가 다른 여행 사진들을 보고서 지금껏 미뤄왔던 시베리아 횡단열차를 타기로 마음먹었어요. 고맙습니다. 아무 것도 하지 않던 26살 끝자락에 많은 걸 느끼게 되었어요.

메시지를 받았다.

내게 솔직한 감정을 표현해 준 것에 감사했다. 나 또한 여행 전부터 다른 여행자들을 동경하던 시간이 있었고 그들을 향한 시선엔 질투가 섞여 있었다. 여행 사진을 일부러 보지 않으려 했던 건 질투 섞인 나의 시선이 불편하다고 느꼈기 때문이었다. 관심 없는 척 넘기려던 것 이었지만 그저 내게 솔직하지 못한 모습이었다.

덕분에 지나간 나에 대해 더 깊이 이해할 수 있었다. 내게 감사를 전했지만 잊고 있던, 아니 피하려고 했던 나를 받아들일 수 있도록 도와준 것에 감사를 전하고 싶다. 내 글을 읽고 새로운 도전을 시작했다는 말처럼 나도 답장을 읽고서 글쓰기에 보람을 느끼며 이렇게 책을 써 내려간다. 손에 닿지도 않았던 서로의 문장을 통해 그 이상의 가치를 만들어 냈던 건 어쩌면 기적이 아니었을까.

_____ 느린 버스 안에서

한국에 있을 땐 더 빠르고 정확한
지하철을 좋아했다. 그러나 이제는
버스가 더 좋다.

가만히 있지 못하는 나,
무언가 해야 맘 편한 나.

하지만 버스에 앉을 때만큼
아무것도 하지 않아도 괜찮다
이해받는 기분이었다.

무언가 해야 한다는 강박 속에
무언가 하지 않는 방법을
잊어버린 것은 아니었을까.

_____ 동정심 아닌 이기심

　의자에 앉아 밥을 먹고 있는데 주변에 아이들이 몰려들었다. 아프리카 에티오피아에는 구걸하며 따라오는 아이들이 많았다. 아이들을 보면 안타깝긴 했어도 구걸을 통해 무언가를 준다는 것이 마음에 걸려 시선을 주지 않았다.

　식사가 끝날 때쯤 한 아이가 다가오더니 다 먹고 옆으로 치운 접시를 가져갔다. 그리고 저 멀리 들고 가서는 내가 남긴 음식을 먹기 시작했다. 순간 많은 생각이 스쳐 갔다. 불쌍한 게 아니다. 동정의 시선을 아이들에게 주고 싶지 않았다. 단지 아이들을 돕게 되더라도 제대로 된 도움을 주고 싶었는데 겨우 이런 식이 돼버린 게 싫었다. 잠시 고민을 하고서 다시 요리를 주문했다.

　두 번째 요리가 나오자 주변엔 또다시 아이들이 모이기 시작했다. 새로 나온 따뜻한 음식을 쳐다보는 아이들, 그리고 한 아이에게 친구들과 나눠 먹으라며 음식을 건넸다. 이렇게나마 미안했던 마음을 위안

삼고 싶었지만 그것도 잠시, 일이 터지고야 말았다.

‐ !@#$%

그야말로 난장판. 한 아이가 요리를 통째로 가져가면서 아이들끼리 싸우기 시작한 것이다. 서로 음식을 뺏으려고 소리 지르며 다투었고 그걸 보던 다른 현지 어른들도 화를 내며 일은 더 커져 버렸다.

‐ 내가 단단히 잘못했구나.

그 자리를 도망치듯 일어났다. 철없는 동정심이었다. 난 아이들을 돕고 싶었던 게 아니다. 돕고 싶었다면 옳은 방법으로 '올바르게' 도와줬어야 했다. 미안한 마음을 채우기 위해 부족한 고민으로 손을 내밀었다가 잘못된 결론이 나고 만 것이다. 도움을 준다는 건 단순히 주는 게 다가 아니라는 걸, 더 깊게 생각하고 고민해야 한다는 걸 몸소 느끼게 되었다.

책임감 없는 선의는 결국 무엇도 남기지 않는다. 다만 오늘 나의 선의 아닌 이기적인 마음이 아이들에게 싸움만 남겼을 뿐이다.

_____ 야박한 웃음

여행을 하면 아니, 조금 오래 혼자 여행을 하다 보니 웃음에 야박해졌다. 여행이 힘들거나 싫어서가 아니라 하루마다 표정을 지을만한 일이 별로 없어서였다. 새로운 곳을 가더라도 혼자서 무언가 보고, 먹고, 자고 반복된 일상뿐이라 상상했던 것만큼 매일 벅차거나 즐겁지 않았다. 여행이지만 웃음이 드문 여행이라서 웃으면 어색한 내 얼굴을 더듬어봤다.

새로운 곳을 여행하는 것보다 더 특별한 경험은 혼자서 묵묵히 견디고 있는 지금의 시간일 것이다. 살면서 지금처럼 내게 솔직해지고 또 웃음조차 소중하다 느낄만한 시간은 전에도 앞으로도 없을 테니까.

_____ 흐르지 않는 시간

기차에 물린 줄 알았는데 또 이렇게 타보니 나쁘지 않다. 시간이 흘렀다고 힘들었던 기억이 그새 바래진 것이겠지, 그때를 추억이자 낭만으로 덧칠해버렸을 것이다. 그래서 오랜만에 느리고 허름한 기차에서 창밖을 바라보며 시간을 보낸다.

나중에 한국으로 돌아가면 이처럼 낡고 허름한 기차를 타고 어디론가 멀리 떠나고 싶다. 그때도 멍하니 시간을 흘려보자. 흘러가는 시간이 아깝기만 했던 내가 이제는 나름의 가치를 느끼며 소중하다 여기고 있다.

창밖을 바라보다 바닷가에 한 노인이 눈에 밟혔다. 기차가 달리는 짧은 시간이었지만 그를 눈으로 좇아갔다. 그는 멍하니 바다를 바라보며 홀로 앉아 있었다. 노인을 바라보며 부럽다는 생각을 했다. 부러울 것 없는 모습을 보며 부럽다고 생각했다. 혼자서 멍하니 시간을 갖는 그의 지나간 기억들은 얼마나 짙게 물들어 있는 것일까.

사색이라는 특별한 시간을 가진 사람들에게 존경을 느낀다. 쓸쓸함을 벗 삼아 얼마나 많은 생각들로 그 시간을 채울 수 있는 것인지, 수많은 강박 속에 가만히 있지 못하는 내게는 그런 시간이 근사하게만 보인다. 무슨 생각을 하고 있기에 차가운 바닷바람을 맞으며 홀로 버틸 수 있는지, 무엇을 떠올리기에 지나가는 시간을 흘려보낼 만큼 당신은 흐르고 있지 않은지.

_____ 그립다고 항상

해외를 나오니 없던 애국심까지 생기는 것 같다.
태극기, 한글, 우리나라와 관련된 무엇을 봐도 시선이 간다.

애국심만큼이나 애국 식(食)은 고프지 않은 날이 없었고 배낭 속 고추장
은 사라질 날이 없다. 오랜 바깥 생활 중 언제나 한국은 그립고 사람은 보
고 싶다.

한국에 돌아가면 어떨지 모르지. 또 반복된 일상에 답답할지도 모르겠다.
그러나 이만큼이나 커져 버린 그리움들은 지금밖에 느끼지 못할 소중한
것이었다.

- 오랜 여행 중이면 한국이 그리웠겠다. 언제 가장 한국으로 돌아가고 싶었어?

- 음… 항상이요.

그리움에 관한 질문을 받으면 언제나 '항상'이라 답했다. 항상 한국이 그리웠고 당장이라도 돌아가고 싶었다. 가족과 집, 친구들 모든 게 여행 내내 그리웠다.

- 그러면 돌아가야지. 나 같았으면 돌아가고 싶다고 생각했을 때 돌아갔을 거야. 하고 싶은 건 하고 싶을 때 해야지.

- 아, 네. 그렇죠.

모르는 소리라고 속으로 생각했다. 하고 싶으면 하라는 말은 쉽고도 무책임하다. 어떤 결정이든 무거웠기에 지금의 여행 또한 가볍게 멈출 수 있는 쉬운 게 아니었다. 집이 그리운 건 그리운 거다. 그러나 하고 싶은 일이었고 어려운 결정들을 모아 여기까지 온 것이었다. 그깟 한국행 비행기 티켓 한 장 끊으면 지금 바로라도 한국으로 돌아갈 수 있다. 하지만 가지 않는다. 가고는 싶었지만 멈추고도 싶지 않았다.

견뎌내는 시간 위에 배울 것이 있다고 믿었다. 나를 이끄는 편한 것들만이 아닌 내가 불편해하는 이 상황에서도 배울 것이 있다면서 말이다. 적어도 이만큼이나 커져 버린 한국에 대한 그리움은 어디서도 배울 수 없는 소중한 것이었으니까.

_____ 익숙한 이별

어제가 맑았다면 오늘은 흐렸다.

어제에 만남이 있었다면
오늘은 헤어짐이 있을 것이고
내일은 또 다른 만남이 있겠지,
그리고 다시 헤어지고.

여행이다 보니 떠나야만 했고
여행이다 보니 반복해야만 했다.
그래서 헤어짐이 있을 때마다
날씨는 흐려서 우중충하다.

그래도 애써 덤덤해 보려는 이유는
다시 올 맑은 날이 기대돼서가 아니라
지난 맑은 날 충분히 행복해서,

그래서 오늘 구름이 좀 끼더라도
눈감아 줄 수 있는 거겠지.

　유럽 여행 중 오랜만에 친구를 만나 사람 냄새나는 여행을 다녔다. 때로는 함께였기에 신경 써야 할 일들로 답답한 적도 있었지만 어떤 이유에서든 사람이 곁에 있다는 건 마음을 채워주는 것만 같았다.

　헤어져야 할 날은 다가왔고 친구를 위해 공항으로 마중을 나갔다. 혹여나 마음이 아플까 걱정했지만 생각보다 담담한 마음에 다행이라 생각했다. 그래, 헤어짐이 뭐 특별할까. 나중에 다시 볼 날이 있을 테니 울적할 필요는 없었다. 마지막으로 서로의 안부를 물으며 인사를 나눴다. 이별이 별거 아니라는 듯 친구는 밝게 웃으며 떠났다. 그의 얼굴을 보며 나도 웃었고 멀어져 가는 뒷모습을 멍하니 바라봤다. 시야에서 친구가 완전히 사라질 때쯤 알 수 없는 해방감과 공허감이 느껴졌다.

　- 정말 갔네….

　헤어진다고 애써 슬퍼하지 않는다. 담담한 이별을 눌러 담고서 아쉬

움을 뒤로한 채 돌아섰다. 그렇게 다시 혼자만이 남겨졌다고 느꼈을 때 내 입에서 꺼낸 첫마디는,

- 나만 두고 가지 마.

나만 두고 가지 말라는 말이었다. 버려지기라도 한 걸까. 하고 싶어서 하는 여행 중인데 어린아이가 엄마에게 떼를 쓰듯 그 말을 되뇌었다.

- 나도 데려가, 나도 집으로 갈래….

애원하고 또 속으로 외치면서 난 울고 있었다. 뭐가 그렇게 서럽고 슬픈지 친구가 떠난 공항에서 꽤 오랫동안 떠나지 못했다. 떠나버린 친구도, 한국에 있는 가족도, 누구라도 좋으니 곁에 있기를 바라면서.

오랜만에 사람이 곁에 있어 안정을 찾았던 것 같다. 가족의 품에 들어온 듯 편안하면서 그리운 시간. 그리고 알 수 있던 단 한 가지, 난 처음부터 쭉 외로웠다는 거. 한국을 떠난 그 날부터 사랑하는 이들을 두고서 외로움과 함께 여행을 시작했을지도 모르겠다.

이후로 인연들과 헤어지는 장소마다 그 자리를 바로 떠나버리는 버

룻이 생겼다. 그리운 향이 남은 자리에 홀로 남겨진다는 건 견디기 힘들었으니까. 여행은 떠나는 역할만을 알려줄 것이라 믿었지만 남겨지는 역할까지 배워야만 하는 조금 아픈 시간이기도 했다.

3장

여전히 난, 행복하려고

마음이 여물어가는 아련한 여행

죽기 전에 한 번은 와봐야 할 곳이라는데. 그럼
죽지 못할 이유가 많을 것 같다.

세상엔 아름다운 곳들이 너무나도 많기에.

_____ 별 볼 일 없는 하루

온 세상 밤하늘에 별은 떠 있다. 그래서 더 예쁘고 아름다운 별을 찾아 떠났다. 차를 타고 멈춰서 바라본 오세아니아 밤하늘에 별, 초록빛으로 물결치는 아이슬란드 오로라와 함께 흘러가던 별, 차갑고 시린 우유니와 아타카마 사막을 가득 채운 남미의 별, 아프리카 시골 마을에서 가로등을 대신해 길을 안내하던 별까지. 온 세상 별들은 어디서나 아름답게 빛나고 있었다. 단지 어차피 아름다울 별들을 달리 바라보던 나만이 변해 있을 뿐.

어떤 별이 더 아름답고 덜 아름답다고 말할 수 있을까. 굳이 더 나은 별을 찾아다닐 필요는 없었다. 세상 어디서나 별은 똑같이 빛났고 똑같이 아름다웠으니까. 당장 머리 위 밤하늘조차 별들은 아름답게 빛나고 있다.

- 별 볼 일 없는 하루.

별을 보지 않아 별 볼 일 없는 하루가 됐다. 매일 같은 하루들 사이마다 우리는 몇 번이나 하늘을 올려다볼까.

어디를 가도 별은 항상 많을 텐데
어디를 가도 하늘 아래 세상만 바라보니
어디에서도 고개 들 겨를은 없다.

별 볼 일 없는 지루한 하루여서 아쉽다기보다
별 하나 볼 수 없는 답답한 게 마음이라
아쉽기만 하다.

_____ 물건들의 장례

가장 낡고 버리기 쉬운 것이라
가져온 것들이, 시간이 지나
가장 버리기 어려운 물건이 됐다.

무엇을 갖는 것보다
가진 걸 버리는 것이
더 어려워져만 간다.

나이가 들어간다는 건, 어쩌면

가진 것들을 놓지 못해
점점 쌓여가는 것들을
표현한 걸지도.

- 조금만 더 버텨 주지.

한국으로 돌아오기 며칠 전부터 이어폰 한쪽이 들리지 않았다. 무려 5년이란 시간 동안 나와 함께한 이어폰이었다. 그런데 여행이 얼마 남지 않은 지금에 와서 망가지고 말았다. 아쉬웠다. 조금만 더 버티다가 여행이 끝난 후 망가졌더라면 미련 없이 버렸을 텐데. 망가져 버린 이어폰이 못내 미웠다.

- 그러고 보니 호주에서 내 차도.

호주를 여행할 땐 중고차를 사서 1년간 잘 타고 다녔다. 주중엔 일을 하고 주말이나 휴가 때면 자동차를 타고 광활한 호주 땅을 여행했다. 도시를 하나만 이동해도 6시간 이상 운전을 해야 했던 거대한 땅이라 자동차는 호주 여행에 필수였다. 그러나 차는 마법처럼 한국으로 떠나는 하루 전날 망가지고 말았다.

- 하필.

지금까지 망가져도 잘만 고치고 다녔는데 하필 출국 하루 전 회복 불능이 된 차로 머리가 아팠다. 마지막까지 버텨주지 못한 차가 그때도 미웠다.

그러나 시간이 지나 소중했던 물건들을 떠올릴 때면 조금 달리 생각해본다. 만약 그때 물건들에게 생명과 감정이 있었다면 무슨 말을 했을까. 아마 그랬다면 마지막까지 나를 위해 버티고 버티다가 수명을 다한 것이라 슬퍼할지도 모르겠다. 아니면 더 오래 견디지 못했다며 미안해하려나. 오히려 무심하게 그들을 대했던 나를 위해 악착같이 버텨준 것은 아니었을까 싶은 연민까지 생긴다.

아무 생명 없는 물건들에 무슨 이해를 담는 것일까 싶으면서도 오래 함께했던 물건들은 왠지 생명이 깃든 것만 같았다. 이깟 시간 더 버텨주지 못했던 것인지 아니면 마지막까지라도 버텨줘서 고마운지, 그들에게 생명을 불어넣을지 말지 결정하는 건 다름 아닌 나였다.

_____ 미화가 오는 날

- 미화, 걔 또 왔어?

이번에도 어김없이 찾아오는구나. '미화(美化)'는 찾아오자마자 나한 테 그게 아니란다. '기억'이 아니라 '추억'이라고 정정해 줬다. 꼰대 같은 너는 매번 이러지. 그리고 내게 가까이 다가온다.

- 왜 또.
- 알잖아.

미화는 '시간'이 나가면 항상 찾아왔다. 아니, 시간이 가는 걸 보고 서 눈치껏 오는 것 같았다. 특히 힘들고 지치고 고생스러운 때가 지나 면 꼭 문을 두드렸다. 지난번 군대 전역 날도 찾아와서는 나중에 군 대가 갈만하다느니 말도 안 되는 소리를 하길래 화를 냈다. 그러더 니 이제는 여행에 힘들었던 모든 순간이 행복했던 추억이라 말한다.

- 그때가 좋았지.

미화는 언제나 저 말을 반복했다. 그리고 문득 나도 모르게 비슷한 생각을 하게 만들었다. 결국 얘 때문에 다신 안 간다고 다짐한 곳을 또 가게 된다. 어휴… 한숨이 났다.

그래도 널 만나 좋은 게 하나 있다면 내 모든 기억이 행복해져 버리니까, 그게 착각이더라도 뒤돌아보며 웃을 일밖에 없다는 게 어쩌면 행복한 일이라고 생각했다.

_____ 넉넉한 시골

- 어제 양치했던 물이 호숫물이었어?

당나귀 등 위로 양동이를 걸고서 물을 길어와야 한다고 말했다. 그리고 향한 곳은 집과 30분 정도 떨어진 마을 아래 호수였다. 그제야 어제 양치하고 씻었던 물이 여기 호수에서 나왔다는 걸 알게 됐다.

호수에는 수많은 현지인이 있었다. 아이들은 호수에서 물놀이를 즐겼고 여인들은 빨래와 설거지를 하고 있었다. 요즘은 어떤 근사한 유적지를 보거나 거대한 풍경을 봐도 별 감흥이 없었는데 오랜만에 내 입가엔 환한 미소가 띠어져 있었다.

- 내가 보고 싶었던 그 모습이야!

이곳은 아프리카에 어떤 시골 마을, 당연히 화장실은 옛날에나 쓰던 재래식이었고 전기도 들어오지 않아 핸드폰을 충전하기 위해 시내까지 걸어가야 했다. 생활은 불편했다. 그러나 이들의 삶을 가까이서 볼수 있다는 것만으로 감격스러웠다. 여행하며 현지인들의 삶을 들여다보고 싶은 바람은 언제나 채워지지 않았으니까.

학교에서 아이들과 놀아주거나 밭일을 도우며 시간을 보냈다. 봉사활동이 끝나면 콜라 한 잔 사 먹기 위해 마을 시내로 걸어갔다. 돌아올 땐 가로등 하나 없는 어두운 시골길에 가끔은 길을 잃었고 집으로올 때면 옷에 붙어있는 반딧불이를 창밖으로 날려주었다. 아침에 길러온 물을 양동이에 받아 밖으로 향했다. 샤워하며 뚫린 천장으로 바라보던 해 질 녘 하늘과 등불 하나 들고 바라보던 밤하늘에 별들은 내게 잔잔한 감동을 주었다.

그들과 같은 시선에서 바라보는 세상은 나와는 달랐어도 어디에서도 느껴보지 못했던 포근함이 있었다. 가난한 삶이었지만 이곳에서내 마음은 어느 때보다도 넉넉했다.

_____ 실패한 여행

- 어떻게든 되겠지!

이 말은 여행을 여유롭게 만들어주는 주문과도 같았다. 정말로 어떻게든 이어지는 여행이었기에 주문에 대한 믿음도 있었을 것이다. 하지만 계획대로 되는 게 하나 없는 실패한 여행이 찾아오고 말았다.

- 여기서 멈추자….

첫날 갔어야 할 목표까지 약 2시간 정도 남겨둔 지점이었다. 우리는 많이 지쳐있었다. 산뜻했던 첫 출발과 달리 트레킹 코스는 오르막이 가팔랐고 짊어진 장비들은 무거웠다. 1.5L 콜라까지 들고 왔으니 트레킹을 너무 만만하게 본 것이다. 어쩔 수 없이 해가 지기 전에 텐트를 치고 하루를 보내야만 했다.

그날 새벽, 잠이 깬 나는 숨이 잘 쉬어지지 않는 걸 알았다. 고산병이었다. 남미 여행 중 고산병으로 잠을 설치곤 했었는데 하필 여기까지 따라온 것이다. 어쩔 수 없이 다음 날 아침 동행과의 상의 끝에 3박 4일 트레킹을 포기하고 대신 가까운 다른 트레킹 장소로 이동하기로 했다. 처음부터 그곳을 가기로 했으면 좋았을 것을. 일정도 빠듯하고 무리가 될 것을 알았지만 부족한 준비로 문제가 되고 말았다. 어쩔 수 없지, 그래도 아름다운 호수가 있는 두 번째 트레킹 장소로 이동해보자.

- 갈 수 있을 줄 알았어.

결국 거기도 못 갔다. 다 내려와서 우리에게 비싼 값에 차를 태우려는 호객꾼을 피해왔는데 알고 보니 마지막 차량이었던 것. 우리는 또 어느 길바닥에 텐트를 치고 하루를 보내야만 했다. 어이가 없었다. 이렇게 허무하게 트레킹이 끝날 줄은 몰랐으니까. 동행도 나도 이처럼 여행이 쫄딱 망해버린 것은 처음이라며 허탈하게 웃었다. 결국 뭐 하나 제대로 얻은 게 없었으니 말이다. 하지만 함께 말하길,

- 재미있었다.

남은 건 없었어도 분명 즐거웠다고 말했다. 2박 3일 동안 산속에서 캠핑을 하는 경험도, 앞을 알 수 없는 상황 속에 헤매는 경험도, 좋은

사람과 함께 나눴던 허무한 경험조차 모두 즐거웠다고 말했다. 비록 누군가에게 말하면 우스꽝스러운 여행이었겠지만 실패면 어때, 나중에 이날을 기억하며 한바탕 웃을 수 있을 테니 소중한 추억이 남았을 것이다.

_____ 증정 받은 하루

지난 10개월간 같은 옷들만 입고 다녔다. 매일 손빨래를 하며 다녔더니 속옷이든 겉옷이든 해지고 허름해졌다. 새로 사려니 돈은 아깝고 버리자니 또 쓰긴 쓸 수 있을 것 같아 은근히 튼튼한 옷들이라 아쉽다. 못 쓸 것 같았으면 맘 편히 버렸을 텐데. 그렇게 여행과 함께 시작한 옷들을 들고 다닌 지도 꽤 시간이 지나있었다.

가난한 여행 중 쇼핑은 사치다. 매일 들고 다녀야 할 무거운 배낭 안에 쓰지도 않는 물건들을 넣는다는 건 어리석은 행동이었다. 필요한 물건들만 넣어 최대한 부피를 줄여 다니는 것이 배낭여행자의 수칙. 그러나 남미 여행 중 처음으로 수칙을 어기고 말았다. 결국 쓰지 않을 물건이지만 나를 위해 큰맘 먹고 질렀다.

– 어때? 괜찮아?

흔히 남미에서 볼 수 있는 전통문양이 새겨진 판초(Poncho)였다. 붉

여전히 난,
행복하려고

은색 배경에 다양한 무늬와 알록달록한 문양이 꼭 양탄자를 뒤집어쓴 것 같다고 친구들은 놀렸지만 마음에 들었다. 입고 다니기엔 불편했고 기능성이라고는 전혀 없는 옷이라 특별한 날이 아니면 입을 일이 별로 없었다. 그렇다면 산 것을 후회해? 아니. 덕분에 남미 여행 중 더 멋진 나를 사진에 담을 수 있었다.

사치라는 단어는 불편하다. 욕심에서 시작돼 결국 실용적 가치가 없는 것을 더한다는 의미였다. 우리는 사치가 아니었다는 이유를 물건을 사고 나서야 이런저런 명분들로 채워간다. 그러나 실제로 가치는 없었을지언정 쇼핑엔 마음을 채우는 무언가 있었다.

– 왜 엄마들이 홈쇼핑을 하나 했어.

오랜만에 쇼핑을 한 그 하루만큼은 종일 기분이 좋았다. 물건과 함께 덤으로 즐거운 기분을 증정 받았던 것이다. 가끔은 싱글벙글한 하루를 위해 기분을 내보는 것도 나쁘지 않다고 생각했다.

하지만 주의할 것! 사치스러운 쇼핑은 정신건강에 해로울 테니.

_____ 특별한 기념일

　오랜 여행에 힘을 내라며 특별한 순간마다 조각 케이크 위에 촛불을 켰다. 여행을 시작하고 첫 달은 베트남 나트랑(Nha trang)에서, 100일을 기념했던 중동 요르단 페트라(Petra), 200일은 유럽 산티아고 순례길, 마지막 300일은 남미 여행 중인 페루 와라즈(Huaraz)였다. 멀게만 느껴졌던 여행이 이제는 그동안 꺼뜨린 촛불 수만큼도 남아있지 않았다.

　기념을 한다고 특별한 날은 아니었다. 좋아하는 케이크를 먹기 위해 핑계를 댔을지도 모른다. 반복되는 여행에 잠깐의 쉼표를 찍고서 그때를 기억할 이정표를 만들었을 뿐. 덕분에 시간이 지났어도 촛불을 끄고 난 탄 내조차 선명하게 맡을 수 있었다.

　한숨으로 초를 꺼뜨려 온 난 어떤 마음이었을까. 빨리 끝내고 집으로 돌아가고 싶었을까 아니면 그 시간조차 잡고 싶은 아쉬움이었을까. 이제는 그 모든 순간이 흔들리는 초처럼 아른거릴 뿐이었다.

_____ 웃음을 잃지 않은 난민

어느 육로 국경이나 혼잡하고 지저분하기 마련이다. 그런데 뭐랄까, 여기 에콰도르에서 콜롬비아로 향하는 육로 국경은 조금 더 복잡한 느낌이 들었다. 특히 사람들로 넘쳐났다. 바로 '베네수엘라'에서 온 난민들이었다.

지금 국경이 난민들로 북적인다는 말을 들었었지만 여기라고는 생각하지 못했다. 베네수엘라는 콜롬비아 오른쪽에 있는 나라였고 에콰도르는 콜롬비아 왼쪽의 나라였다. 이곳을 오려면 두 번의 국경을 넘는 것이라 한 나라 국경도 넘기 힘들었을 그들이 여기까지 올 것이라고 예상하지 못했다. 그러나 이렇게나… 많은 베네수엘라 난민들이 콜롬비아에서 에콰도르로 건너오고 있었다. 인터넷을 검색해보니 몇 달 전만 해도 난민들로 인해 아수라장이었다고 한다. 그때는 외국인들조차 국경을 넘기 힘들었다는데 지금은 창구를 따로 만들어 줄을 세우고 있었다. 이 시기에 넘어갈 수 있어 다행이었지 그렇지 않으면 나 역시 오가도 못하는 난감한 상황이 벌어졌을 것이다.

어려운 국경 상황 때문에 평소보다 오래 걸려 출국 도장을 받을 수 있었다. 엄청난 인파가 모두 에콰도르 입국을 위해 기다리는 사람들 이었다. 하지만 이들만이 끝이 아니었으니, 콜롬비아에서 출국을 위해 기다리는 수많은 난민들도 반대편에 있었다. 작은 에콰도르 국경 사무소에만 300명이 넘게 기다리는데 반대편 콜롬비아 출국 줄에는 뱀처럼 구불구불하게 늘어서서 1,000명은 족히 넘어 보였다. 역시 상황은 좋지 않았다.

하지만 인상적이었던 것은 난민들의 표정이 슬프지 않았다는 것이다. 그들 중엔 더러 웃는 사람도 또 출국심사를 잘 받아 넘어가는 친구들에게 응원까지 해주는 등 의외로 밝은 모습을 볼 수 있었다.

세상에 불쌍하다 판단될 존재는 없었다. 어느새 나도 모르게 이들을 동정 어린 시선으로 바라봤을까. 그들은 나라를 잃었어도 다시 나름에 삶을 이어가고 있었다. 어쩌면 누구보다도 삶의 애환과 살아가려는 힘을 가진 그들이었다.

_____ 여행 후 변화

여행 중 나를 찾는다는 말이 있다.

흘러넘칠 만큼 주어지는 생각의 시간과 예상치 못하게 찔려오는 수많은 자극들 사이에서 여행을 통해 새로운 나를 발견하게 되는 것만 같다. 하지만 처음 보는 나를 발견할 때마다 드는 생각은 예상과 달랐다.

'나 원래 이런 사람이었지.'

잃어버린 것을 찾은 기분.

얻는 것에만 익숙했지 잊은 것들에 미숙했을까.
새로운 내가 아닌 원래의 나를 찾아가고 있었다.

- 세계여행을 했으면 시야가 넓어졌겠다! 어때?

- 글쎄? 어떨까.

　질문에 의도는 알지만 대답할 수 없었다. 좀 더 서사적인 변화를 듣기 원했겠지만 쉽게 대답할 수 없는 물음이라 생각했다.

　이미 여행이 지나버린 지금의 나로서는 이전보다 세상을 얼마나 넓게 바라보는지 알 수 없었다. 아니, 알아차려서는 안 된다. 큰 성장을 보여주기 위해 여행을 떠나기 전 내가 얼마나 부족했는지 떠올려본다는 것이었으니까. 그건 여행에 의미를 억지로 강요하는 것과 다르지 않았다. 여행을 치장하기 위해 없던 의미도 부여하려 했다. 솔직하지 못한 모습이었고 새롭게 찾은 의미까지 잃어버리는 모순적인 행동이었다. 여행을 통해 솔직해지고 싶었던 바람은 결국 스스로가 얼마나 성장해냈는지 말할 수 없게 만들어 버렸다.

　하지만 여행을 통해 무엇이 변했는지 대답할 수 없는 이유면서 동시에 이전에 나라면 당연했을 생각조차 다시 한번 고민해본다는 말이었다. 과거에 저평가조차 조심스러운 지금의 내가, 어쩌면 무수한 경험으로 큰 성장을 이뤄냈다는 오직 하나의 변화일지도 모르겠다.

_____ 사진과 기록

사진을 담는 안도감에

눈으로 담는 긴장감을

잊지 말자.

　사진에 대한 욕심이 여행을 방해했을까 아니면 여백을 채우는 길잡이였을까. 집착인지 집념인지 모를 사진에 대한 고민은 여행이 끝나는 날까지 함께였다.

　여행은 그 자체로 즐기는 게 우선이고 더 완벽한 여행을 위해 기록으로 남겨야 했다. 사진이든 영상이든 글이든 무엇이어도 좋다. 기록은 여행을 회상할 미래의 나를 위해 그리고 지금에 내면을 더 깊게 들여다보기 위해 좋은 습관이라 믿고 있었다. 그러나 새로운 무언가를 마주했을 때마다 눈으로 담기보다 먼저 카메라로 그 모습을 가려버리는 내가 있었다. 여행이 오래될수록 새로움에 대한 감흥은 떨어지고 점차 감격보다 사진을 기록하려 애쓰는 시간만이 늘어났다. 나중에 남은 사진 중 잘 나온 사진을 골라보면서 비로소 진짜 관광을 했었는지도 모른다.

사진? 중요하지. 그런데 더 중요한 것을 잊고 있던 것은 아닌지. 사진을 기록하는 것이 나를 위한 여행이었을까 아니면 누군가에게 보여주기 위한 남을 위한 여행이었을까. 뒤돌아보며 행복했다 믿기보다 그 자체로 행복하고 의미 있는 시간이라 느낄 수 있기를 바랐다. 기록을 남기려 애써온 여행에 어째서, 고민도 함께 남아버리고 말았다.

_____ 놓치는 방법

여행 중 가끔 있는 노숙이라,

이제 밖에서 자는 것도 익숙해라.

　말레이시아 랑카위(Langkawi) 섬에서 태국으로 가는 배를 놓쳤다. 항구에 도착하니 10분 전에 배가 떠났다고 했다.

　미얀마 양곤(Yangon)에서 아침 9시 버스가 저녁 9시 버스로 예약돼 있었다. 타고 갔어야 할 아침 버스는 만차라 눈앞에서 떠나버렸다.

　인도 바라나시(Varanasi)에서 네팔을 가려고 예약한 기차를 놓쳤다. 인도에서는 역에 도착한 기차조차 타는 게 쉽지 않았다.

이집트 누웨이바(Nuweiba)에서 요르단으로 향하는 배를 놓치고 3일을 기다려야 했다. 몇 시간 안에 오기로 한 배는 무려 이틀이 더 걸려 항구에 도착했다. 덕분에 처음으로 항구에서 노숙을 했다.

아프리카에서 기차가 퍼졌다. 몇 시간 후에 도착한다는 기차는 다음 날 아침에서야 도착했다. 기차역 노숙도 처음이었다.

남미 페루에서 비행기 탑승 당일 ATM 출금 도중 카드가 먹히는 바람에 시간이 늦어 비행기를 놓쳤다. 처음으로 비행기를 놓치는 날이었다.

여행하면서 많은 것들을 놓쳤고 놓아야만 했다. 아무것도 놓치지 않기 위해 애쓰며 여행했지만 붙잡히지 않는 것들은 너무나도 많았다. 아마 속상한 마음에 남은 아쉬움을 덜어내는 것이 더 어렵지 않았을까. 덕분에 놓아주는 것에 익숙해지는 법을 배운다. 무언가를 가지려고만 살아왔지, 사실 놓아주는 것이 더 어렵다는 걸 알아간다.

_____ 그때 덕분에

내게 첫 해외여행이자 삶이었던 호주,
사실 그때가 행복하지는 않았다.
힘들고 지치고 외롭고.

그러나 이상하게도 가끔씩 꺼내 보게 되는
그때의 기억은 아련함이 있다.

그때보다 지금이 행복한 시간임을
알려주려는지도 모르고,
그때도 사실 행복한 시간이었음을
말해주려는지도 모른다.

하지만 어렵고 힘든 시기였던 그때가 있어
지금에 모습이 깊고 다채로워졌다는 것은
잘 알고 있었다.

덩그러니 해외에 떨어져 홀로 살아가는 경험은 꽤 고독했을 것이다. 원치 않더라도 일을 해서 벌어야 했고 비싼 방값에 생활비를 아껴가며 먹고 살 궁리를 해야 했다. 말 하나 통하지 않던 타지에서의 삶은 여행이라 믿지 않는 외로운 날들이었다.

그러나 쓸모없는 경험은 없다고 했던가. 쓸쓸했던 그때가 있어 여행을 깊게 바라볼 수 있게 됐다. 여행을 환상이라 믿던 내게 현실을 바라보는 차가운 눈을 갖도록 도와준 곳이 바로 호주였다. 여행과 삶은 별반 다르지 않다는 걸 몸소 느끼고 배울 수 있었던 회색의 시간. 호주에서의 삶은 내게 없던 차분하면서 단단한 시선을 갖도록 도와주었다.

가끔 그때 들었던 노래나 맡았던 향 그리고 소소한 기억들이 문득 떠오를 때면 알 수 없는 우울감에 빠졌다. 그러나 그것이 나쁘지 않았다. 그때가 있어 지금에 시간이 더 아름답게 느껴지고 다양한 시선으로 지금을 바라볼 수 있게 됐다. 살면서 가장 외로웠던 시간이 이제는 가슴을 먹먹하게 만들어줄 유일한 추억으로 남게 되었다.

가끔 그때를 떠올리며 무거운 시간을 보내곤 한다. 보통의 일상에 특별한 감정을 준 그때가 고맙다. 그날들로 인해 이제는 창밖을 바라보며 한참 동안 생각에 잠길 수 있게 됐으니까.

_____ 엉뚱한 대답

- 여행하니까 어때? 좋아?

- 글쎄, 좋지 뭐.

- 대답이 뭐가 그래, 재미없어?

- 재미있거나 그런 건 아니야.

- 진짜? 그럼 왜 갔어?

- 그런데 행복해.

좋긴 한데 재미는 없고 그런데 행복하다니. 무슨 엉뚱한 말일까. 종종 지인들에게 여행의 심경을 이야기할 때면 쉽게 대답할 수 없었다. 각각의 물음엔 굉장히 복잡하고 미묘한 차이가 있었기 때문이다.

좋다는 물음엔 좋긴 했으나 애매한 듯 정말 좋다고는 대답하지 못했다. 여행이 좋아서 여행을 떠났지만 시간이 지나 알게 된 건 난 그렇게 여행을 좋아하는 사람이 아니라는 사실이었다. 아무리 좋아하는 음식이라도 계속 먹으면 물리는 법. 여행이 외롭다는 것도 알게 됐고 미지의 세계에 대한 궁금증도 많이 해소돼버려 전만큼이나 여행이 좋다고 대답하지 못했다.

재미를 묻는 물음은 확실히 아니라고 대답했다. 혼자 여행은 외롭고 심심했기에 즐거움은 없다고 믿었다. 그래서 새로운 친구를 사귀거나 특별한 인연이 생길 때면 어느 때보다 기뻐했다. 이제 앞으로 여행은 무조건 둘 이상에서만 출발할 것이다. 지금의 난 혼자보다 함께라는 것에 더 큰 가치를 느끼고 있다.

하지만 무엇보다 여행에 있어 행복이라는 단어를 꺼낼 줄 알았다. 여행이 지루하든 외롭든 쓸쓸하든 내 안에 행복감이 자리하고 있음을 알았다. 학창 시절부터 스무 살이 넘어서도 내가 직접 인생을 그려본 적이 있었나. 지금은 내 손으로 지도 위에 길을 덧그리며 여행을 만들어 간다. 여행은 살면서 느껴본 적 없었던 삶의 포만감을 안겨준 경험이었다.

여행이 좋고 재미있고 행복한 것인지를 따지는 건 사실 중요하지 않다. 다만 행복해지려고 떠난 여행 위에 내가 행복을 느낀다는 것이 무엇보다 중요했다.

_____ 기억의 보정

시베리아 횡단열차를 탄 친구가 전화로 실망을 토로했다. 왜 여행이 재미없냐고. 사진이나 영상을 보면 외국인 친구들도 많이 사귀고 즐거운 추억만 쌓인다고 했는데 자기가 직접 와보니 놀아줄 사람 하나 없이 심심하게만 지내야 했다고.

여행뿐만 아니라 상상했던 것을 마주했을 때 대부분의 감상은 그러하다. 영화나 드라마 속 낭만적인 장면은 실제로 일어나지 않는다. 우리가 미디어로 보는 여행은 아름답고 즐거운 장면만을 일부러 담아냈지만 현실에서 여행은 다를 것 없는 평범한 일상의 연속이었다. 게다가 집으로 돌아왔을 때 우리가 보정하는 것은 사진뿐만이 아니라 지난 여행의 기억도 함께였다. 우리는 과장해서 상상하고 밋밋한 여행을 다녀와서는 다시 환상 같은 여행이었다고 말할 것이다. 여행은 그런 끝없는 고리에 빠져있다.

그렇다 한들 여행을 안 가는 것이 옳을까? 실제로 낭만은 없다. 그렇지만 낭만을 상상하던 여행 전 당신과 끝나고서 추억을 회상하는 여행 후 당신은 행복했다. 여행의 시작부터 끝까지 모두 계산해봐도 당신의 행복값은 전보다 더해졌다면 충분히 가치 있는 것이 아닐까?

보이는 여행이 다가 아니라 생각한다. 여행 앞뒤로 행복했을 내가 있다면, 그리고 얻게 된 소소한 추억들과 함께라면 그 이상의 가치를 지녔다. 지금의 세계여행도 한국을 떠났던 그때가 아니라 지금을 기대하고 기다려왔던 먼 과거의 나로부터 이미 출발했던 걸지도 모른다.

_____ 느린 시간

어떤 이는 느림을 미학이라 말했다.
빠른 게 익숙해져 버린 우리가
느린 것에 특별함을 느낀다는 건
우스운 일이라고 생각했다.

느리게 흐르는 시간이 어디 있을까.
누군가는 당연한 시간일 뿐인데, 아니
우리 다 똑같은 시간 속에 살아갈 뿐인데.

_____ 슬럼프는 또 올 테니

인생은 슬럼프가 항상 곁에 있는 듯하다. 일이 손에 잡히지 않아 무기력하고 웃음기가 싹 빠져버린 그런 날들. 일상이 된 여행에 슬럼프는 당연한 듯 찾아왔고 또 떠나갔다. 난 그때를 돌이켜보며 슬럼프를 이겨냈다고 말할 수 있을까? 삶에서도 슬럼프를 믿으며 어떻게든 헤쳐 나가보려던 시간이 있었다. 그러나 슬럼프는, 이겨내는 것이 아니라 그저 지나가는 것이었다.

슬럼프는 눈에 보이지 않았다. 일이 잡히지 않거나 무기력하고 어떤 것도 하기 싫어지는 공통의 우울감을 슬럼프라 여겼다. 일상이 된 오랜 여행에 슬럼프는 당연했고 오히려 새롭다는 감정조차 익숙해지고 지루해졌다. 슬럼프의 만병통치약인 줄만 알았던 여행이 다시 슬럼프가 된다는 사실은 재미있다. 새로운 기분을 만들기 위해 갈아낸 여행의 잿가루엔 왜인지 지루함도 떨어져 있었다.

긴 여행 동안 여러 번의 슬럼프가 찾아왔고 떠나가길 반복했다. 매일 내 안을 들여다보며 여행하니 슬럼프가 파도와 같다는 걸 알았다. 마음에 파도가 덮치면 나의 모래성은 무너졌지만 파도가 쓸려나가면서 그 자리엔 평화만을 남겼다. 그때마다 다시 모래성을 쌓았고 무너지기를 반복했다. 그렇게 슬럼프를 자연스러운 하나의 감정이라 이해할 수 있었다.

그러니 슬럼프를 미워하지 말아 줬으면, 어차피 다시 찾아올 테고 또 사라질 테니. 슬럼프가 있었기에 슬럼프가 아닌 날들에 더 환하게 웃어볼 수 있지 않았을까.

_____ 지겨운 여유

- 답답해.

이젠 시간이 여유롭다 못해 넘치다 보니 답답하기까지 하다. 뭔가 해야 할 것 같은데 할 건 없고 다음 장소로 가기 위해 기다리는 지금의 여유가 지루했다. 휴양의 도시 멕시코 칸쿤(Cancun)에서의 날들이 이럴 줄 누가 알았을까.

여행은 언제나 여유로운 것이라 믿었다. 그러나 여유 또한 선입견일지도 모른다는 생각을 한다. 여행이 좋아 여행을 시작했고 날마다 여행을 했다. 그러다 보니 여행은 일상이 됐고 원래 내 일상은 여유가 없었으니 일상이 된 여행은 여유롭지 않았다. 뒤돌아보면 그렇게 지나간 바빴던 여행이 싫지만은 않았다.

- 여유롭게 살자.

여유로운 삶이 인생의 진리인 듯 항상 옳은 줄만 알았다. 그러나 여유를 즐기고 싶지 않은 내게는 강박이 되고 불편한 것이 됐음을 알았다. 지금은 바쁘게 살고 싶다. 그리고 바빠지고 싶지 않을 때 여유롭게 살자. 물론 그런 것들이 마음대로 되는 것은 아니지만 적어도 당장은 마음이 이끄는 대로 살아가고 싶다.

여유조차 당연한 것이 아니었음을.
당연하지 않았던 여행조차
당연해질 수 있었던 지금처럼.

_____ 구팔 퍼센트

어쩌면 그 사진 말고
어쩌면 그 장소 말고
여행한 순간의 대부분은
모두 이런 장면들이었을 텐데.

– 부러워요!

여행 사진에 부럽다는 댓글이 달려있었다. 일상을 벗어나 이국적이고 근사한 배경 앞에 서 있는 내 모습을 부러워했다. 나 역시 아름다운 장소를 찾아다녔던 건 부러움을 사기 위한 노력이었을 것이다. 그러나 남겨진 사진들은 돌아보며 진짜 내 여행이었다고 말할 수 있을까.

– 이게 다가 아닐 텐데.

예쁜 옷을 입고 멋진 풍경 앞에 서 있는 모습 말고 구멍 난 양말을 신고 부산스럽게 아침을 준비하던 나, 길을 잃고 헤매면서 땀에 젖어 너저분하게 거리를 걷고 있던 나, 굶주린 배를 채우기 위해 게걸스럽게 밥을 먹던 나. 그런 일상의 모습들이 진짜 여행 중인 내가 아니었을까.

비록 아름답지는 않더라도 그 틈 사이에서 여행에 푹 젖어있던 내가 진짜가 아니었을까.

_____ 친구야, 내가 왔다

- 오랜만이다! 그럼 일단 죽을 뻔한 이야기부터 꺼내 봐.

여행이 끝나고 오랜만에 친구들과 모였다. 어째 직장 생활을 시작해서인지 아직 20대인 친구들에게서 아저씨의 향이 풍긴다. 거뭇거뭇한 수염과 불룩 나온 배를 보니 이제 우리도 청년을 지나 아저씨 대열에 들어섰음을 말해주는 것 같다. 나의 귀국 소식은 친구들의 쳇바퀴 같은 일상에 색다른 안줏거리가 하나 생기는 날이었다. 오랜만에 만난 반가움도 잠시, 죽을 뻔했던 모험담이나 꺼내놓으라는 친구들을 보니 역시 한국에 돌아온 것을 실감했다.

- 야, 해외에서 죽을 뻔했던 거면 진짜 죽었을걸.
- 어쨌든 살아 돌아왔으면 됐지 뭐.

친구들에게 내 안부 따위는 관심도 없었을 것이다. 오히려 내가 없는 동안 나의 SNS를 술안주로 재미있게 지냈다던 친구들이었다. 역시 친구는 친구인 걸까. 그렇게 잠깐 여행을 이야기하고서 언제 그랬냐는 듯 우리는 어릴 적으로 돌아갔다. 오랜만이어도 전혀 낯설지 않은, 마치 어제 봤던 것처럼 익숙하고 편안한 시간. 거리낌 없이 즐겁기만 한 이 순간이 와서야, 한국까지 들고 왔던 모든 여행의 긴장감이 사라져 버린다.

_____ 비행기 안에서

여행을 하면 어른이 될 줄 알았는데
딱히 그렇지는 않았다.

나이가 들어도 어른이 되지 못해서
나이가 어려도 어른인 척해야 해서
어디에 발 디뎌야 할지 난 몰라서
여행이 나를 어디론가 데려다주길
바랐던 것 같다.

결국 알게 된 건 어른이 될 필요도
어른인 척할 필요도 없는 반쪽,
그런 인간이어도 괜찮았다.

- 뭘 얻었을까.

세계여행이 끝이 났다. 집으로 향하는 비행기 안에서 지난 여행을 떠올렸다. 얻은 것들을 하나하나 정리해보고 싶었으나 떠오르는 것은 흐릿할 뿐이었다. 경험, 행복, 인연 무엇 하나 콕 집어 설명할 순 없었다. 아니면 여행이란 원래 이런 것일까, 원래가 이처럼 끝은 담담한 게 아닐까 스스로 속삭였다.

- 그래, 과정이 중요했던 거겠지.

지금에서 무슨 결론을 낼 수 있을까. 이토록 긴 여행을 단어 몇 개로만 표현할 수 있을 리 없었다. 지금까지 겪어온 모든 여행이 곧 전부였다. 무뚝뚝하지만 담담하게 눌러 흘려보냈다. 나를 위한 위로인지 아니면 솔직한 마음인지, 알 수 없는 감정을 담아 지난 여행을 곱씹었다.

허물없는 기억 속에 여행 중인 '나'를 발견했다. 오랜 시간 버스에 앉아 창밖을 바라보던 나, 좁고 불편한 침대 위에 구부정하게 잠들어있는 나, 돈을 아끼려 빵으로 끼니를 때우는 나. 늘어진 시간 속 홀로 외로워하고 있는 나를 지켜봤다. 그리고 여행이 끝나버린 내가 지나버린 그때를 바라보며 말했다.

– 얼마나 힘들었을까….

 그 한마디에 울컥, 쏟을 뻔했다. 2년 가까운 시간 동안 홀로 버텨온 여행은 분명 힘들었을 테니까. 지금껏 알아차리지 못했다. 아니, 알고도 모른척했다.

– 얼마나 외로웠을까… 얼마나 힘들었을까… 얼마나 쓸쓸했을까….

 숱한 시간과 보이지 않는 고민들을 혼자 헤쳐나가며 얼마나 앓아왔던 것일까. 나는 그런 날카로운 시간을 지나온 것이었다. 아프면서도 입으로는 괜찮다 말하고 외로우면서 입으로는 즐겁다 말하는, 나를 잘 안다고 믿으면서 정작 단 한 번도 이해해본 적 없는 무심한 인간이 바로 나였다.

 외로운 시간이 있었기에 알 수 있었던 거라 위로했다. 그러나 너무도 당연하고도 쉬운 것인데 이렇게 멀리 돌고 돌아서 알아야만 했을까. 복잡한 마음들이 서로 뒤엉켜버렸다. 교훈 하나 없을 마지막을 억지로 꾸며주는 장식이든 아니든 상관없었다. 하지만 내게는 긴 여행의 결말이라 여길 만큼 중요했다. 겨우 그것만으로도 이 모든 시간을 지나온 나를 이해할 수 있었으니까. 이 시간이 돼서야, 한국으로 돌아가는 마지막 이 순간에서야 느낄 수 있었던 감정인지도 모른다면서.

_____ 그리운 나에게로

어디를 가도 다시 올 것 같지 않아서
볼 수 있는 데까지 다 보고 싶어도
뜻대로 되지 않을 때가 많았다.

사람이든 여행이든 모두가 다 그랬다.

어쩌면 남겨진 아쉬움은 그만큼
상대를 아낀다는 분명한 증거여서
비록 멀리 떨어져 있더라도
아쉽다는 마음만으로 이어진
유일한 감정의 끈이라 믿었다.

달래려는 거짓말이든
솔직한 마음이든 아쉬움은,
아쉬운 대로 의미가 있었다.

- 유일아!

출구로 나와 주변을 두리번거렸다. 곧바로 그리운 목소리가 들렸고 정말 오… 랜만에 가족들을 만날 수 있었다. 어머니는 나를 보자마자 눈물부터 보이셨다. 헤어지는 것도 아니고 만나는 건데 왜 우냐며 어머니를 달래드렸다. 한국과 가족 그리고 지금 이 순간이 내가 그토록 그리워하던 오늘이었다.

오랜만에 보는 한글에 반가워 웃었고 생각보다 따뜻한 날씨는 다행이었다. 무거웠던 긴장은 사르르 녹아 어깨를 가볍게 만들었다. 서울의 하늘, 바람, 냄새 그 모든 게 감사했고 무심코 지나쳐왔던 도심 속 풍경까지 오늘만큼은 정겹고 아름답게 느껴졌다.

이제 구멍 난 양말과 칙칙했던 카키색 점퍼, 색 바랜 아디다스 바지는 그만. 집에는 반듯한 양말과 옷이 개어져 있었고 오랜만에 멋을 낸 거울 속 나를 볼 수도 있었다. 오랜 장시간 버스를 타기 위해 종일 굶지 않아도, 비싼 식비를 아끼기 위해 대충 끼니를 때우지 않아도 된다. 주위엔 언제나 맛있고 다양한 먹거리들로 넘쳐났다. 무엇보다 더는 혼자이지 않아도 된다는 게 좋다. 집에는 가족이 있고 앞으로 만나야 할 친구들은 한 나라 가까운 곳에 살고 있다. 더 이상 외롭게 혼자 여행할 필요가 없었다. 그토록 길게만 느껴졌던 고된 세계여행이 끝이 난 것이다.

그러나 다시 돌아오지 않을, 돌아가지 못할 아쉽고도 그리운 시간일까. 그토록 지나길 바랐지만 다시는 돌아갈 수 없음에 조금 슬프다고 생각했다. 지난 여행은 오직 앞으로의 삶을 태워줄 추억으로만 남아있었다.

한국에서의 삶은 전보다 더 행복할 거라 믿고 있다. 사람에 대한 소중함을 알았고 앞으로 사랑하는 이들과 계속 함께일 테니까. 그런데 왜일까, 왜 벌써부터 가슴속 무언가 그리운 느낌이 드는 걸까. 여행? 자유? 아니면 꿈? 곰곰이 생각해봤지만 무엇인지 알 수 없었다.

그러다 문득 떠오른 건, 힘들었지만 그리고 고생스러웠지만
열정만으로 그토록 애쓰고 무언가 갈구해왔던 여행 중인 내가,

다시 돌아가지 못할 '그때'의 내가 그리운 게 아닐까란 생각이 들었다.

여행과 행복은

여러 방향으로

이어져 있다.

여	행
행	복

Epilogue

끝나지 않는 엔딩

어쩌면 지금도 여행 중이라 믿을지 모른다.

떠나기 전에는 상상 속에 여행을 다녔고
나중엔 발자국을 남기며 여행을 다녔다.
이제는 또 다른 행복을 좇아 여행할 테니

여전히, 끝나지 않는 엔딩일지도.

여전히 난,
행복하려고

초판1쇄 2020년 5월 25일
지 은 이 조유일
펴 낸 곳 하모니북

출판등록 2018년 5월 2일 제 2018-0000-68호
이 메 일 harmony.book1@gmail.com
전화번호 02-2671-5663
팩   스 02-2671-5662

979-11-89930-36-3 03980
ⓒ 조유일, 2020, Printed in Korea

값 17,600원

이 도서의 국립중앙도서관 출판예정도서목록(CIP)은 서지정보유통지원시스템 홈페이지
(http://seoji.nl.go.kr)와 국가자료공동목록시스템(http://www.nl.go.kr/kolisnet)에서 이용
하실 수 있습니다.
CIP제어번호 : CIP2020017713

이 책은 저작권법에 따라 보호받는 저작물이므로 무단 전재와 무단 복제를 금지하며, 이 책 내
용의 전부 또는 일부를 이용하려면 반드시 저작권자와 출판사의 서면 동의를 받아야 합니다.